がんばっている日本を世界はまだ知らない

vol.1

0か国が熱読!

・わくわくエコ事情

枝廣淳子
＋
ジャパン・フォー・サステナビリティ(JFS)

海象社

※この本は、本文には古紙100％の再生紙と大豆油インクを使い、
表紙カバーは環境に配慮したテクノフ加工としました。

がんばっている日本を世界はまだ知らない

目次

はじめに

日本の環境の取り組み情報を世界へ！

●ジャパン・フォー・サステナビリティ（JFS）の生い立ち

私は、同時通訳者、翻訳者、環境ジャーナリストとして仕事をしています。通訳とは、日本語と英語の間のコミュニケーションのお手伝いをする仕事です。他の分野もそうですが、環境の分野でも、情報の輸入過多——日本にはたくさん海外の情報が入ってくるけれども、日本の情報はほとんど海外に出ていっていない——を、日々の仕事の場で実感していました。

「スウェーデンでは」「アメリカでは」と通訳をしながら、「日本にもいい取り組みがあるのになぁ」「日本には昔ながらの知恵もあるし、江戸時代だって循環型社会だったんだけどなぁ」と思うのです。海外からの講演者や参加者と雑談する機会があると、私はよく「日本にもこういう取り組みがあるんですよ」「日本には昔からね」と話します。するとみんなびっくりします。「それは知らなかった！」「自分の国にその情報を持って帰って生かしたい」と熱く見つめられるのです。でも残念なことに、「その情報」はほとんどの場合、日本語です。なので、持って帰ってもらえません。「もったいないなぁ！」といつも思っていました。

海外の人々にとって、「日本からの情報がない」ということは、「日本では何もやっていない」ということになります。だって情報がなければ、何かをやっていることも知りようがありませんから。「本当はいいことをいっぱいやっているのになぁ」と私は一人でくやしがっていたのでした。

では、日本の情報は伝わらないのか、というと、そうではありません。きちんと英語にして伝えるべき人のところに伝えれば伝わるし、世界に流れるということを私自身経験したことがあります。

数年前にワールドウォッチ研究所の研究者が来日した折、「オフィス町内会」（89ページ）のユニークな活動を教えてあげたことがあります。詳しい情報が欲しいというので、彼女の帰国後に、データなどを英訳して送ってあげたところ、翌年の2000年版の『地球白書』にその話が載っているではありませんか。『地球白書』は世界中の100万人に読まれています。「しかるべきところにきちんと英語で情報を届ければ、世界中に流れ、多くの人々の参考にしてもらえるのだ！」ということを実感したのでした。

ワシントンDCにあるワールドウォッチ研究所では、毎年世界中の関係者を集めて『地球白書』のお披露目会が開催されます。朝から夕方まで、各章を執筆した研究員が研究発表をするのです、この会に参加して4年めに私は、「地球白書ならぬ日本の現状についての『日本白書』を発表したい」と10分の時間をもらいました。

日本の政府や自治体、企業や市民の動きをいくつかのテーマにまとめて英語でプレゼンテーションしたところ、予想を超える大反響を得ました。各国の参加者が次々と来て「日本もじつはいろいろやっているのですね！」「そんなに進んでいるとは知りませんでした」「ぜひ今後も情報を送ってください」と名刺を置いていったのです。「ああ、それだけ日本の情報が届いていないのだなあ」と再び痛感したのでした。

もちろん日本にも、環境報告書を作成し、英語版も作っている企業はたくさんあります。政府や諸団体のホームページには英語ページが用意されているものもあります。しかし、実際にその情報を使ってもらえる人にその情報が届いていないことが多いように思います。英語情報があっても、「その情報を必要としている相手」や「出し手がその情報を伝えたい相手」にきちんと伝えるチャンネルがないために、せっかくの英語情報を生かし切れていないのです。

ワールドウォッチ研究所の会から帰国して、「日本の環境の取り組みを継続的に英語できちんと世界に発信する活動が必要だ」という思いを、自分の出している環境メールニュースに書いたところ、「大賛成だ。そのためだけのNGOを作ってもよいと思う」と熱いエールを送ってくれたのが、ソニーの環境経営のキーパーソン、多田博之氏でした。

「そうですよね〜」とヒトゴトのように返事をしたそのときには、多田氏とNGOを立ち上げることになるとは、夢にも思っていませんでした。人生、どうなるかわからないものです。何度も話し合いを重ね、数か月間の怒濤の準備期間の後、東京大学の山本良一教授、千葉商科大学の三橋規宏教授、アースポリシー研究所のレスター・ブラウン所長に理事になっていただき、多くの発起人やボランティア、賛同者の応援やご支援を得て、02年8月末にNGO「ジャパン・フォー・サステナビリティ」（JFS）が立ち上がったのでした。

●JFSはどういう情報を世界に発信しているか

JFSはポジティブな情報をどんどん出すことを活動の柱としています。日本にはもちろん問題もたくさんあります。「告発型」「糾弾型」の活動も必要ですし、実際に行われています。特に、実際に環境が目の前で破壊されつつある場合、その破壊活動をストップする必要がありますから、「○○反対！」という運動や取り組みもとても重要です。

しかし同時に、「何に反対するか、何を否定するか」だけではなく、「では何に賛成するか、何を促進するか」という活動も必要です。目の前の破壊を止めつつ、「そもそもどういう破壊の起こらない社会や世界」に転換していかないといけないからです。ところが、「ではどういう世界にしたいのか」というイメージを伝える情報は、これまであまり出されていませんでした。そこで、JFSは「日本も世界も元気になれる、自分たちも！　とやる気になる、励みや参考になるポジティブな情報」をメインに出していくことにしました。

環境問題に関して、「何がいけないか」はもうかなりわかっています。「どうしたらいいか」もかなりわかっています。いわく、化石燃料から脱却せよ、使い捨て経済を変えよ、云々。今必要なのは、「必要なことを実際に行っている実例」と「そのような取り組みがどんどんと広がりつながっているという躍動感、自分たちも飛び込みたいと思えるようなワクワク感」を伝えることだ、と思うのです。

「何をしなくてはならないかを知っていること」と「すべきことを実際にすること」の間には、じつは大きな溝があります。多くの人や組織や国にその溝を越えてもらうためには、「もう行っている組織や地域があること」と「その結果、その組織や地域がどんなにイイ思いをしているか」を伝えることです。この私の信念は、4年以上にわたって、環境問題に関心のある方々へいろいろな情報や自分の学んだことを個人的にお伝えする「環境メールニュース」を出し、読者の方々とのやりとりをしてきた経験に根ざしています。

日本では「当たり前」でも、世界に伝えるとびっくりされることもあります。たとえば、日本では、ほとんど毎日のように新聞でもテレビでも環境関係のニュースが流れています。じつは、世界にとってはこれ自体がニュースになります。アメリカの研究者たちに教えてあげると「本当か？　信じられない」とびっくりします。アメリカでは、タンカーが座礁したとか、よっぽど大きなことがない限りニュースにはなりません。また、近年、多くの日本企業が積極的に物流を再編し、トラックの配送から鉄道や船舶の利用へと切り替えています。そして二酸化炭素を減らすとともに、コストを下げているのです。これは、「環境への取り組みが企業の競争力を増強している」好例です。「環境は経済や競争力の足を引っ張る」とまだ信じている世界の人々にぜひ伝えたい！　と思います。

レスター・ブラウン氏をはじめ、多くの人が「経済と環境は両立しなくてはならない」と言います。そのために必須なことがいくつかあります。「環境」をコストにちゃんと反映することやモノを売るのではなくて、機能やサービスを売るということです。

このようなことは、理論や本に書かれているだけではなくて、日本ではもう実際にいろいろな企業が取り組み始めています。たとえば、社内で環境税を取り入れている企業があります。人事評価で、個人個人の環境への取り組みを評価して、ボーナスや昇給に反映させている企業もあります。

モノではなくて機能を売るということでは、「蛍光灯を売るのではなくて、明かりだけを売る」サービスや、「ガスファンヒーターではなく、冬の間の暖かさだけを売る」企業が日本にはすでにあるのです。世界の理論が日本では実例になっているのです。

日本ではここ数年、さまざまな取り組みが進み広がっており、その成果があがってきたところもたくさんあります。世界の中でも、めざましい勢いで動きつつある国なのです。その取り組みや成果をどんどん世界に発信していけば、世界も日本ももっと進めるはず！　なのです。

●JFSの二つの使命

ジャパン・フォー・サステナビリティ（Japan for Sustainability）という名前には、私たちのミッション（使命）が込められています。「日本」と「持続可能性」をつなぐ「for」に二つの意味を込めました。

for には「〜のために」という意味があります。一つめの意味は「世界の持続可能性のために日本にできること」です。日本のさまざまな活動を世界に伝えることで世界を少しでも持続可能な方向に動かしたい、という思いです。対象は「先進国」「発展途上国」そして「日本」です。

スウェーデンやドイツなどの環境先進国だって、日本の取り組みや昔ながらの知恵などから学べることがあります。発展途上国なら、日本の情報が役立つチャンスはもっと大きいでしょう。たとえば、巨大な発電所や延々と伸びる送電線を作らずに、最初から太陽光発電や風力発電に「一足跳び」できる技術や可能性が広がっているのですから。そういう情報をどんどん届けて、負の遺産を抱えて動けずにいる先進国の先へと進んでほしい！　と願っています。

また、「日本の中で展開しているこんなにステキなワクワクする取り組み」を世界に伝えると同時に、日本の人々にも伝えることで、取り組みをさらに進める一助になりたい、と願っています。

「日本の取り組みは遅れている」「ドイツやスウェーデンを見よ」――マスコミや一般の認識でも、このような声をよく聞きます。通訳と環境ジャーナリストの立場で世界と日本の活動の情報に触れることが多い私は、決してそんなことはない！　と思っています。確かに日本が遅れている部分もあります。たとえば、企業や市民を望む方向に動かしていくための政府のしくみづくりはヘタです。でも、自治体や個別の企業には、欧米には見られない素晴らしい取り組みがたくさんあるのです。そのような活動を世界に発信していけば、世界からフィードバックが返ってきます。これも自分の「環境メールニュース」の経験からの実感ですが、情報は出せば出すほど集まってきます。日本の情報を出せば、世界の情報が集まってくるはず。世界からのフィードバックや情報を、今度は日本に伝えることで、日本の取り組みももっともっと進めたいと願っています。

もう一つ、forには「～に向かって」という意味があります。「持続可能性に向かっている日本」という意味です。国際会議で、ヨーロッパや中国の代表者が「われわれは50年後の自分の国をこうしたいと思っている。そのために今、こういう政策を打っている」と話すのを通訳することがあります。ところが現在の日本には、50年後にどういう日本になりたいのか、持続可能な日本が実現した暁にはエネルギーや食糧はどうなっていて、物質の流れはどうなっているのか…というビジョンがありません。

先述したように、自治体でも企業でも、NGOでも個人でも、いろいろな環境への取り組みを進めています。「そのような取り組みをすべて統合したとき、私たち日本はどこに向かっているのだろう？」「持続可能な日本ってどういう形なのだろう？」――共有できるビジョンがあれば、それに向かうためのさまざまな努力が全部つながり、もっと効果的に進んでいくことができるでしょう。私たちは、そのような「持続可能な日本」のビジョンを作るための話し合いの場を提供していきたいと思っています。

●JFSの活動

主な活動として、二つの柱で世界への情報の発信をしています。ホームページと月次のニュースレターです。

ホームページでは、１か月に30本、日本のさまざまな進んだ環境の取り組みを発信しています。自治体の取り組み、企業の新製品や技術、NGOその他、あらゆるセクターの情報を発信しています。「情報データベース」と名づけられたこのページでは、いろいろな組み合わせの検索ができます。たとえば「自治体」で「温暖化」への取り組みは何があるかな？「製造業」の「環境技術」にはどんなものがあるかな？ そのような複合検索もできます。また、A社に関する情報はどれぐらいあるかな？ という検索もできます。

同じ日本でも、地域の情報はお互いに届きにくいものです。新聞の地方版にステキな活動紹介が載っても、別の地域の人には届きません。たとえば、香川県に「どんぐり銀行」がある。どんぐりを集めて持っていくと、通帳をくれる。預金（？）の単位はD（どんぐりだから）。預金額に合わせて、そのどんぐりを育てた苗木と引き換えてくれる。そんな地方からのワクワクする情報もJFSがどんどん発信していけば、世界だけでなく、日本の人々にも届けられます。

「情報データベース」のページはすべて、日本語と英語の両方で用意してあります。日本語ページから同じ内容の英語ページに飛べるので、英語の勉強に使っている方も多いようです。本文中にこのデータベースからの関連記事タイトルを紹介しています。

日本の基本的な情報を世界の方に知っていただくコーナーもあります。人口や産業構造など、「日本入門」コーナーです。その他にも、海外の方にはもちろん、日本人にもわかりにくい「環境法」を集めたページ、英語版環境・持続可能性報告書のリンクページ、日本の技術や匠の技を発信するページなどもあります。ハイムーンこと、京都大学の高月紘教授の環境マンガ「ゴミック」は、日本でも海外でも大人気のページです。

ホームページにたくさんの情報を載せていくことも大切ですが、世界の人々に「こういうサイトがあります、日本の情報はここで取れますよ」とお知らせすることも必要です。また、個々の記事の集合を大きく俯瞰したときに、では日本では今何がホットなのか、どこへ向かおうとしているのか、日本の全体像はどうなのか、そういうことをまとめて伝えることも大切です。そのために、毎月「日本のエネルギー事情」「日本の環境報告書の動向」などの概説や、個別企業や自治体、NGOなどの取り組みを掘り下げて紹介するとともに、江戸時代の日本の循環型社会の様子などを伝えるニュースレターも出しています。

このニュースレターをたくさんの人に読んでほしい！　と、世界各国の政府、企業、NGO、大学その他、日本からの環境情報に興味を持ってもらえそうな人々に「お読みになりませんか？」とお誘いする活動も03年春に始めました。また登録された方が他の方にも紹介して下さるなど、自助努力と口コミのおかげで、現在154か国の4000人を超える人々に毎月ニュースレターを届けています。

本書は、立ち上げ直後の02年9月〜03年12月までのニュースレターの記事を素材に、「日本での活動と世界がそれをどう見ているか」をぜひ多くの方々に知っていただきたい！　と作りました。同期間に世界中から寄せられたフィードバックをはみ出し記事欄でご紹介します。ほんの一部ですが……。そしてこの期間に発信した記事の見出し一覧（176ページ）を見ていただくだけでも「今、日本では何がホットか」が感じられることでしょう。日本のあちこちで展開している取り組みを見て、一緒にワクワクしていただけたら、そして多くの組織や地域での「私たちもやろうじゃないか」という動きのきっかけになったり、エールを送ったりすることができたらとてもうれしいです。

本書は、もともと「日本のことをあまりご存じない海外の方に送る情報」として書かれた英文ニュースレターをもとにしています。なるほど、このように「日本人には当然のこと」も説明する必要があるんだなあ、という視点でも楽しんでいただければと思います。

JFSの活動は現在、約40社の法人会員、約250人の個人サポーターに支えられています。毎月30本の情報発信は、200人近いボランティアが多くのチームに分かれて、有機的なネットワークで作業を行っています。新しいタイプのネットワーク型組織です（ボランティアの組織については172ページのコラムをご覧ください）。「日本の取り組みを世界に発信することで、世界と日本を持続可能な方向へ動かしていこう！」という主旨に賛同いただけたら、ぜひご一緒に！（法人会員、個人サポーターのご案内は、196ページをご覧ください。）

ジャパン・フォー・サスティナビリティ共同代表

枝廣淳子

バブルも不況も踏み越えて！
今、世界に知らせたい日本のトレンド

1

「モノの販売」から「機能・サービスの提供」への転換、世界の期待を担う燃料電池、オンデマンド時代に応えるセル方式……困難な時代を生き抜いた者だけがつくれる新しいトレンドです。21世紀、日本再生の鍵はエコビジネスにあり！

車道橋

持続可能な経済へ向けて、日本企業のさまざまな取り組み

多くの人々が、現在の持続不可能な経済から、持続可能な経済へ移行しなくてはならない、と言っています。持続可能な経済では、経済活動のあらゆる段階や局面に、「環境」を取り込むことになります。

企業で言えば、工場の煙や廃棄物、汚染物質の削減といった、従来の「公害対策・環境部門」だけではなく、社内のあらゆる部門や階層での意思決定に「環境」という側面が入る「環境経営」を行うことになるでしょう。また、「環境」という切り口から、従来とは異なる製造工程や人事評価、調達方法など、新しい社内のしくみもできてくるでしょうし、まったく新しい製品やサービスを提供することになる場合もあるでしょう。ある日本の経営者は、「環境はイノベーションの宝庫だ」と述べています。

日本では最近、このような「持続可能な経済へ向けての企業のあり方」を模索し、世に問う取り組みがあちこちに芽生えてきました。

たとえば、地球環境を損なうことなく経済成長を続けるためには、物理的なモノとしての製品ではなく、「そのモノが提供しているサービスや機能」を提供する新しいビジネスモデルが必要だと言われますが、いくつかの日本企業は、この新しいビジネスモデルを実際に事業展開し始めています。

また、環境コストを経営に取り込むことも「持続可能な経済へ向けての企業」の大切な側面となるでしょう。日本は、国としては、二酸化炭素の排出量に応じて課税することで排出を抑えようという炭素税導入はまだ行っていませんが、民間企業である西友は、いち早く社内環境税のしくみを採り入

れ、エコタックスとして実施し始めました。

人事制度に「環境」の側面を採り入れるところも増えています。製造業を対象とする第5回環境経営度調査によると、「環境対策の成果を管理職の賞与など人事評価に反映しているか」との質問に、回答した８２０社のうち74社が「反映している」と答えています。

新しいビジネスとしての「エコビジネス」だけではなく、既存のビジネスのエコ化も含め、日本の産業界や社会で起こりつつある大きなうねりのいくつかをご紹介します。

カテゴリー　**エコ商品・ビジネス**

- コケで緑化を
- サービス業への省エネコンサルタント会社設立
- ナチュラル・健康志向コンビニエンスストア展開中
- びわこ銀行、融資で環境活動を後押し
- 資源ゴミ回収で町の拠点に──ユニークなGSの事例
- 自社のリサイクル材で、自社の販促品を生産
- 洗剤不要の食器洗い乾燥機、発売
- 続々と登場するエコ繊維
- 東芝、学生や単身赴任者向けに家電レンタルパック始める
- 富士重工業「循環式水洗トイレハウス」を発売
- 平和紙業、世界初の生分解性・耐水印刷用紙を発売

（全148件より抜粋　2004年2月現在）

＊このコラムは、本文に関連のある記事の見出しをJFSホームページの「情報データベース」からいくつか挙げたものです。
　詳しい内容や関連情報は、「情報データベース」ページ
【http://www.japanfs.org/db/index_j.html】
で、カテゴリーやキーワードをもとに検索をかけると得られます。フリーワード検索や、「地球温暖化×地方自治体」などの絞り込み検索もできます。本書に盛り込めなかったたくさんの情報や最新の記事にいつでもアクセスしていただけます。

「モノの販売」から「機能・サービスの提供」へ

有限な地球環境を損なうことなく経済成長を続けるためには、これまでのように「たくさん作って、たくさん売る」ことが企業や経済の成長を支える20世紀型のモデルから脱却しなくてはなりません。

米国3大ネットワークの一つの東京支局長として赴任しています。日本での新しい環境技術の情報をぜひいただきたいと思います。（米国、マスコミ、女性）

この20世紀型モデルでは、製品の寿命を短くして、買い替えを促し、消費者の使い捨てを永遠に促進しつづけないと成長できないため、資源やエネルギー、廃棄物などの観点から持続可能でないことが明らかだからです。

これまで企業は「物理的なモノ」を作り、売っていました。しかし、消費者が求めているのは「モノ」自体ではなく、たまたまその「モノ」が提供している機能やサービスなのだ、ということに気づく企業が出てきました。そして、製品ではなく、「製品が提供しているサービスや機能」を提供する新しいビジネスモデルが展開し始めています。家電リサイクル法など、近年施行されたリサイクル関係の法律も、新しい事業モデルがビジネスチャンスにつながる背景となっています。

同時に、日本の消費者の意識が変わってきたことも、変化の要因の一つです。地球環境問題やごみ問題に懸念を深める消費者が増えていること、物質的な面ではすでにかなり満たされている人が多いこと、長引く不況から、「所有」と「幸せ」を切り離して考える人が増えているのです。かつては「たくさん持つこと」＝「幸せ」であり、「所有すること」がステイタスでした。しかし今では、もっと身軽に、「使いたい時に使いたい場所で使いたいものが使えればいい。不要になったモノに煩わされないことのほうが便利でトレンディだ」と考える消費者も増えてきているのです。近年持ち家志向が減少していますが、このような背景もその一因かもしれません。

「モノではなく機能・サービス」を提供する事業の代表格が、レンタルビジネスです。レンタルビジネスの老舗ダスキンは、１９６３年に、日本で初めて「水を使わない拭き掃除用品」を誕生させると同時に、多くの人が手軽に経済的に使えるようにと、レンタルサービスという新しい流通システムを作り出しました。以来、一般家庭やオフィスに、掃除用のモップやマットなどをレンタルし、使用済みのモップやマットは回収し、きれいに洗浄して再びお客様のもとへ届けます。それぞれの人が所有し、使って捨てる場合に比べて、資源使用量やごみの量などの環境への悪影響を減らすことができます。そのうえ「モップやマットは、工場でまとめて洗濯するので、個別に洗濯するのと比べて、水や洗剤、電気が約20分の1ですむ（ダスキンの試算による）」と言います。小型の掃除機のレンタルもあります。モップとのセットなら、月に150円で小型掃除機を使うことができるのです。掃除機を買う目的は掃除をすることですが、このサービスなら所有しなくても掃除ができるのです。

富山県の日本海ガスは、2001年から「ガスファンヒーターではなく、暖かさを売る」事業を開始し、好評を得ています（50ページ）。東芝テクノネットワークは、学生や単身赴任者向けに家電レンタルパックを始め、この1～2年、利用者が急増していると言います。大手スーパー・チェーンのイトーヨーカドーは、03年2月に、単身者向けに加えて、ファミリー向けにも家電のレンタルパックを始めました。家具なども含めたレンタルサービスの提供も増えています。

一方、松下電器産業は、一般消費者向けではなく工場やオフィスビルを対象に、「あかり」を提供する「あかり安心サービス」事業を02年春に始めました。顧客はそのモノ（蛍光灯）を買うのではなく、機能（照らすこと）だけを利用し、毎月定額のサービス料金を払います。不要になったら返却するだけですから、廃棄時の手間も費用も発生しません。また、そのモノの所有権は顧客に移らず、サービス提供企業にあることから、使い捨てを促す寿命の短い製品では企業自身が困ります。ですから、製品の寿命を長くしよう、回収・再生しやすい製品設計や流通を考えよう、という動きにつながっています。

松下電器産業では、「ハード（機器）単体のビジネスモデルは、20世紀で終焉した」と述べていますが、このような先進的な21世紀型ビジネスモデルが今後もさまざまな分野で台頭してきそうです。

ニュースレターを楽しみにしています。持続可能な環境の実現に向けた日本の取り組みを知ることができて、とてもうれしいです。（カナダ、政府、女性）

ベルトレス革命—大量生産から適正生産へ

近代的な工場といえば、ベルトコンベヤーの上を流れながら製品ができていく様子を思い浮かべる人も多いでしょう。コンベヤーを使った流れ生産システムは、１７８５年ごろから考えられ、フォード自動車はコンベヤーを用いた流れ生産を１９１３年に始めました。

これまでは、「優れたライン設計をすれば、コンベヤーシステムは生産性の観点からきわめて有効な生産方式」と多くの工場で導入されてきましたが、ここ数年、日本の製造業では、新しい生産方式が導入され、経済面でも環境面でも効果を上げています。作業者がベルトコンベヤーに沿って一列に並ぶ生産方式をやめて、セル（小さな単位）での生産に切り替えているのです。これは、アメリカで生まれた大量生産に対して、注文に応じて生産する「オンデマンド生産」という新しい生産システムです。

そのリード役を果たしているリコーの例をご紹介しましょう。リコーは、「環境経営」は「環境に積極的に取り組むことによって、利益を生み出さなくてはならない」と考えています。そのリコーで、ここ数年間、生産工程が大きく変わってきました。見込み生産による大量生産から、オンデマンドによる適量生産へ切り替わってきたのです。それを支えているのがコンベアーのない「コンベアーレス生産」なのです。このような流れになっています。

まず、営業社員が客先で受注すると、製品とユーザーごとのオプションを受注フォーマットに入力し、ネットワークで即時に御殿場工場へ送ります。その情報は、工場内で発注伝票に書き換えられ、すぐに生産が始まります。この工場では、全工程をコンベアーレスで組み立てるフォーメーション・セル生産が行われています。フォーメーション・セル生産とは、生産パターン（フォーメーション）

を複数用意しておくことによって、週単位で生産量を変えることができる、非常に自由度の高い生産方式です。需要変動の激しい製品を効率よくスピーディーに供給することができます。

同工場では、消費者の多様なニーズに対応するために、以前の大量生産から多品種適量生産へ、コンベアーライン生産からセル生産へ、移行しました。その結果、コンベアーが不要になったため、消費電力も大きく削減されました。リコーユニテクノ工場でも、コンベアーラインから台車びきラインへ、大型電動台車から手作り台車ロボットへ移行することで、電気使用量、二酸化炭素排出量とも従来の80分の1になり、組み立て工程の消費電力を太陽光発電でまかなえるようになっています。

「お客様がまだ買うか買わないかわからないものを工場は一生懸命作っていた時代から、お客様が決まって、そのことに対して提供するというふうに大きく変わった」（紙本治男リコー代表取締役副社長）というセル方式は、キヤノン、ソニー、NECなどの大企業でも相次いで導入し、成果をあげています。たとえばキヤノンでは、98年から2002年までのセル生産導入効果として、220キロメートルのベルトコンベアーを撤去、72万平方メートルの省スペースを達成し、自動倉庫を45基撤去し、外部倉庫は17か所（13万平方メートル）廃止しました。仕掛り回転期間は31％短縮し、排出量で言うと二酸化炭素換算で5万4677トンの省エネを達成（02年）。それに伴って、1738億円のコストを削減しています。

千葉商科大学の三橋規宏教授は、「環境問題を解決するには、『大量生産、大量消費、大量廃棄』から『適正生産、適正消費、ゼロエミッション』に移行しなくてはならない。セル方式によるベルトレス生産革命は、見込み生産を前提とする大量生産から、必要なものだけつくるというオンデマンド生産を前提とする適正生産への移行である」と環境と経済の両立の観点から、高く評価しています。

フォードがベルトコンベアーを導入してから100年近く経った今、新しい製造業のパラダイムシフトが日本で起こりつつあるのです。

日本で環境分野の研究をしています。環境問題について情報を得られるサイトを知りとてもうれしいです。（ポルトガル、大学、男性）

日本独自の「ゼロエミッション」の展開

「ゼロエミッション」は、1992年のリオでの地球環境サミットで採択された行動計画「アジェンダ21」の「持続可能な発展」を実現するための方策として、国連大学が94年に「ゼロエミッション」研究構想として提唱しました。

基本的な考え方は、異業種産業（企業）の連携によって、廃棄物を出さない経済社会を築こうというものです。自然の中では、ある生物の排出物や死骸は、すべてほかの生物に必要な食物となって、むだなくつながっています。ゼロエミッションは、この生態系をモデルとして「ある産業（企業）から出た廃棄物や副産物をほかの産業分野の資源として活用する」新しい産業連鎖を作り出すことで、廃棄物を限りなくゼロに近づけていこうとするものです。

もともとゼロエミッションは、このようにさまざまな経済主体が連携して、持続可能な経済社会を作り出すための幅広い理念として紹介されましたが、現在では日本独自とも言えるゼロエミッションの取り組みが各地の企業や自治体で広がっています。

「ゼロエミッション」でインターネットを検索すると、「グリーンケミストリーとゼロエミッション」「ゼロエミッション工場の作り方」「トヨタのゼロエミッションへの挑戦」「水産養殖とゼロエミッション」「ゼロエミッション―廃棄物ゼロの循環型まちづくり」「食品のゼロエミッション」「建設ゼロエミッションQ＆A」など、多くの「ゼロエミッション」を書名に冠する書籍が発行されています。あらゆる産業分野でゼロエミッションの取り組みが進められていることがわかります。企業内の取り組みとして、また、自治体の地域産業活性化の手法としても注目されています。

廃棄物（特に産業廃棄物）の埋め立て地の逼迫が明らかになり始めたころから、廃棄物処理コストが上昇し、多くの工場で埋め立てに回す廃棄物をゼロにしようという「ごみゼロ工場」の取り組みが始まりました。企業や工場によっては、工場から埋め立てに回す廃棄物がゼロになったので「ゼロエミッション工場」だと宣言するところもあります。しかし、単なる「ごみゼロ工場」は、ゼロエミッション工場ではありません。

ごみゼロ工場にするためには、工場内で出る廃棄物を分別し、工場外に持ち出すことになります。ゼロエミッションのアプローチでは、「自社の工場から持ち出された廃棄物はどのように資源として使われているか?」、また「自社の工場は、他社など外部の廃棄物を資源として利用しているか?」まで考え、自社を産業連鎖群の中で位置づける必要があります。食物連鎖の中でそれぞれ支え、支えられている生物と同じく、「自社だけ」ではゼロエミッションは成り立たないのです。

また、自社から出る廃棄物をゼロにするためには、廃棄物を出さない製品設計や製造を進める必要があります。川下で出てくる廃棄物をゼロにするだけではなく、原材料の調達・製品の製造を行う上流でも、エネルギーや資源を有効利用するなど、資源生産性の向上に向けて取り組みます。ゼロエミッションは、原材料の供給者から消費者までを結ぶ、開発・調達・製造・配送・販売まで(サプライチェーン)を通して考え、他社やほかの経済主体とも協働する、広がりのあるアプローチなのです。

多くの企業の環境報告書に「ゼロエミッションへの取り組み」というページがあることからもわかるように、産業分野を問わず、多くの企業や工場がゼロエミッションをスローガンとした廃棄物ゼロ・100%の再資源化への取り組みを進めています。

セイコーエプソンでは、ゼロエミッションのレベルを二つ設定して、97年から段階的に取り組んでいます。レベル1では事業活動から発生するすべての排出物を再資源化ルートに乗せる「排出物の100%再資源化」をめざします。排出物を社内で分別(粉砕・圧縮)、排水処理などを施した後、再資源化技術を持った廃棄物中間処理会社やリサイクル業者に委託します。2002年度には国内では

スウェーデンの大学院で、26か国から来た留学生と一緒に持続可能な開発の研究をしています。JFSが日本と世界を持続可能な方向へ導いてくれるよう期待しています。(スウェーデン、大学、女性)

ゼロエミッションレベル1の達成が完了しました。

海外でも、台湾のEpson Industrial Corp.では、液晶パネルの透明電極のエッチング工程で排出されるリンス水を処理する際に発生する汚泥を肥料業者に有価で引き取ってもらい、肥料成分としてリサイクル（肥料化）するなどの取り組みを進めています。

また、ゼロエミッションレベル1の達成基準として1人1日当たりの可燃ごみ排出量を50グラム以下にすると定め、ビニール類、菓子袋などの可燃ごみ排出量削減の取り組みを行った結果、02年度の国内各事業所の1人当たりの可燃ごみ排出量は1日平均37グラムとなりました。ちなみに97年度は推定で1人1日当たり約500グラムでした。

レベル2は、排出物そのものを減らすとともに、より高いレベルの再資源化を行う活動です。製造工程を中心に、プロセス改革・改善や社内再利用・再使用を行い、投入する資源をできるだけ少なくすることで、排出物そのものを減らします。やむを得ず発生する排出物については、「より高いレベル」の再資源化をめざします。製造工程で使用した処理液の一部を社内で再生再利用するなど、社内で再利用できるものは有効利用し、直接社内で再利用できない場合は外部業者が再生し、使用可能な再生品は購入するようにしています。このように、自社からの排出物を再生した製品を購入することも「排出物の削減施策」の一つです。同社は02年度に、約650トンの溶剤類を再生業者に搬出し、これらを再生し作られた再生品を約90トン購入し、使用しました。

「03年度までに、国内事業所の廃棄物・再資源化物の総排出量を97年度レベル（1万4000トン）に抑制する」という目標に向かって、レベル1の活動の拡充と併せ、レベル2の活動を推進し、排出物を極小化する技術・ノウハウの確立を進めているところです。

工業団地でのゼロエミッションの取り組みの先進事例として、山梨県の国母工業団地（24社）があります。山梨県内にはもともと産業廃棄物の最終処分場がなく、他県に依存している状況でした。このままでは将来生産活動に支障が出るのではないかという危機感から、92年に同工業団地内の企業がゼロエミッション活動の推進母体となる「産業廃棄物研究会」を立ち上げました。

各企業が廃棄物の量・費用の実態データを毎年提出し、この研究会で実態を把握しながら、「各社が自ら廃棄物を削減する」「削減しても発生する廃棄物は、共同回収を行い、再利用・再資源化を図る」「再利用・再資源化ができない廃棄物は、中和などの中間処理などによって減量化する」「再利用・再資源化は団地内での循環が重要であると認識し、循環型リサイクルシステムを構築する」という考えに沿って、段階的に取り組みを進めています。

まず、どの会社からも排出される紙類を23社で集団回収し、再生トイレットペーパーにリサイクルしたものを各社が購入するという循環を作りました。また、廃プラや木くずを集団回収して、RDF（廃棄物固形化燃料）にし、セメント工場の燃料として提供しています。社員食堂の生ごみも集団回収して、コンポスト化し、地元の農家が肥料として使って栽培した有機農産物を各社が購入する循環もできています。古紙をパルプモールド製品にするプラントを古紙再生業者が設置して、集団回収した古紙から作った梱包材・緩衝材を各社が利用しています。

段階ごとに、自分たちの会社から出る廃棄物を資源化して、自分たちの会社に戻して使うという循環システムを作っていることがわかります。このような取り組みによって、廃棄物処理費用などの削減が進み、活動継続の原動力となっているということです。

一方、国でもゼロエミッションを推進しています。96年、通産省が始めた「エコタウン構想」、環境庁の外郭団体・環境事業団による「ゼロエミッション工業団地」、建設省「ゼロエミッション道路」、運輸省（以上いずれも当時）「臨海部リサイクル・コンビナート構想研究」などの施策があります。中でも、「エコタウン事業」（省庁再編によって、廃棄物行政が環境省へ移管されたため、経済産業省と環境省の共同承認の形になっている）を発表し、ゼロエミッションへの支援制度を設けたことが、

♪日本は持続可能性のために多くの取り組みをしているんですね。感動しました。ここに載っている事例を紹介して、アメリカの人々を刺激したいと思います。（米国、NGO、女性）

ゼロエミッション活動が広がる大きな追い風になりました。

「エコタウン事業」は、都道府県または政令指定都市がエコタウンプランを作成し、承認を受けると、その中核的事業について支援が受けられるしくみで、これまで10を超える地域が承認を受けています。自治体での積極的なゼロエミッションへの動きの背景には、環境問題に対する意識の高まりのほか、ダイオキシン問題などによる市民の関心の高まりから産業廃棄物処理場の新規立地が困難になっていることによる切実なごみ問題への対処、地域経済の活性化などがあります。

また、より持続可能な産業社会システムを実現するための組織として、国連大学を母体としたゼロエミッションフォーラムが行政・学界・産業界をつないで活動を展開しています。このフォーラムが出した『ゼロエミッションマニュアル〈Ver.1〉—ゼロエミッション型地域社会の形成のために』(海象社)は、実際にゼロエミッションを進めるための手引きとして作られたもので、英語版も近々完成・公開予定です。

進む燃料電池革命

日本では現在、産官学民あげての「燃料電池」への取り組みが熱い話題となっています。燃料電池とは、水素と空気中の酸素を電気化学反応させることで電気をつくる装置です。二酸化炭素を出さず、排出物は水だけというクリーンエネルギーの切り札として、世界的に注目されている技術です。

燃料電池をめぐる競争や新たな提携関係などが最も華々しく展開しているのは自動車業界です。トヨタやホンダ、日産などは、燃料電池車の市場一番乗りをめざして、熾烈な競争のまっただ中にいます。燃料電池車のモデルや販売契約の発表など、次々と新しい動きが出ています。燃料電池自動車の普及に不可欠のインフラ整備の研究も進みつつあります。たとえば、東邦ガスでは、燃料電池自動車への燃料供給のための都市ガス改質水素ステーションを総合技術研究所の敷地内に建設しました。自動車用以上に大きな可能性があると言われているのが、一般家庭用の定置型燃料電池です。既存のガスパイプラインを使って、天然ガスから水素を取り出し、燃料電池で発電し、電気も廃熱も利用しようという燃料電池システムの開発に、ガス会社がしのぎをけずっています。

日本最大のガス会社である東京ガスでは、２００４年度に家庭用燃料電池システムを市場に導入する計画です。また、第2位のガス会社である大阪ガスでは、１９９４年4月から5年間、社員16家族が入居してさまざまな居住実験を行った実験集合住宅「ＮＥＸＴ21」に、住宅用として日本で初めてリン酸型燃料電池によるコージェネレーションシステムを採用しました。

また、最近めざましく開発が進んでいるのは、パソコンや携帯電話用の燃料電池です。携帯電話などのモバイル機器の機能が高まるにつれて、現在主流のリチウム電池では対応がむずかしくなりつつあり、新たな電源を開発する必要に迫られているからです。東芝と日立製作所、カシオ計算機など、携帯機器に最適な小型高性能燃料電池の研究開発を進めています。

燃料電池の燃料は水素ですが、水素は天然ガスのほか、石油やブタン、メタノールやバイオマス資源、廃棄物などからも取り出すことができます。水素をどのように作り出すか、各業界・各社で開発競争が繰り広げられています。灯油から取り出したり、生ごみから取り出す取り組みもあります。東京ガスフロンティア研究所では、「雑草１００キロから発生する水素で一般家庭１日分の

キーワード　**燃料電池**

- 国土交通省、燃料電池自動車の保安基準策定へ
- 環境省、生ゴミ利用燃料電池発電システム事業を実施
- 三菱重工、世界最小の家庭用燃料電池を開発
- 水素ステーション、東京都にオープン
- 松下電器、人工葉緑素を使用した太陽光バイオナノ燃料電池開発へ
- NEC、燃料電池内蔵型ノートパソコンを展示
- ホンダ、燃料電池乗用車を世界で初めて民間企業へ納車
- 世界初の燃料電池深海巡航探査機、航走に成功
- 燃料電池バス、営業用路線バスとして運行試験
- 家庭用燃料電池の試験販売を開始
- 東芝、手のひらサイズのモバイル機器用小型燃料電池を開発

（全43件より抜粋　2004年2月現在）

日本から嬉しい知らせですね。カナダでは、日本は環境問題や国外の問題にはあまり関心を持っていないと思われています。日本の取り組みに期待しています。（カナダ、企業、男性）

電力をまかなえる」と、雑草水素システムの開発も行っています。

政府も燃料電池の開発を後押ししています。01年1月に経済産業省がまとめた試算では、燃料電池自動車と家庭用定置型燃料電池を合わせた市場規模は、10年で1兆円（燃料電池自動車約5万台、家庭用定置型燃料電池約120万台）、20年では8兆円（燃料電池自動車約500万台、家庭用定置型燃料電池約570万台）規模に成長すると予測し、燃料電池の実証プロジェクトをスタートしました。燃料電池自動車の普及を制度面から支援するために、国土交通省が保安基準の策定に取りかかっています。普及に弾みをつけるため、燃料電池自動車を非課税扱いにすることも検討されています。

燃料電池は、温暖化対策の切り札の一つと目されています。同時に、それぞれの家庭やオフィスで発電ができるようになるため、電力を含むエネルギー市場の分散化の動きとしても注目されています。燃料電池のさまざまな技術開発や制度設計、企業や国の動きにはこれからも目が離せません。

交通・運輸部門でも「脱・自動車」の動き

日本の交通・運輸部門は、他国と比べて、鉄道が発達していることが大きな特徴です。全世界の鉄道利用者の約40％は、日本の鉄道会社を利用しています。世界全体での1日当たりの鉄道利用者は1億6000万人ですが、日本では毎日6200万人が鉄道を利用しています。

日本で人1人を1キロメートル運ぶ時に出る二酸化炭素の量は、鉄道が18グラム、バスが99グラム、航空が110グラム、自家用乗用車は172グラムとなっています。鉄道が発達している日本は、交通・運輸部門での温暖化対策のインフラが他国よりも整っているということができます。しかし、この交通・運輸部門は、現在日本の二酸化炭素排出量の2割強を占め、かつ、90年以降最も高い増加率を示しています。

自動車保有台数の増加や、車両の大型化がその原因です。日本の自動車保有台数は、１９７０年には約１６５３万台でしたが、80年には約３７３３万台、90年には約５７９９万台、２００２年8月末には約７６８４万台となっています。また、燃費向上は技術的には進んでいますが、消費者がより大型の自動車を求める傾向から、結果的には燃費悪化につながっています。

政府でも、運輸部門からの二酸化炭素排出量削減を促進すべく、「地球温暖化対策推進大綱」では低公害車の開発・普及促進、高速道路交通システムの推進、海運の利用促進、トラック輸送の効率化などの対策を考えています。

カテゴリー	交通
プレーヤー	企業（製造業）、企業（非製造業）

・モーダルシフト進行中、コンテナ輸送前年比3.9％増
・電機・情報各社、CO_2削減へ物流再編
・同一車両で、食材配送と野菜屑回収
・日本初の民間カーシェアリング会社、営業始まる
・ホンダ、電動アシストサイクル共同利用システムを発売
・シャープ、モーダルシフトを加速
・沖電気、物流のCO_2抑制へ
（全59件より抜粋　2004年2月現在）

産業界で、ここ1～2年、特に取り組みが加速しているのは、これまでトラックで輸送していたものを鉄道や船舶での輸送に切り替える「モーダルシフト」です。地球環境保全のためだけではなく、コスト削減などによって企業経営にもプラスになるとして、積極的に推進をしているのです。

たとえば、日産自動車では、関東から九州の工場までの間の部品輸送に関して、トラックから船舶に転換することにより、輸送時間は22～26時間が41～44・5時間へと延びるものの、輸送費31％、作業量は76％、エネルギー41％、二酸化炭素排出量39％の削減効果があるとの検討結果を明らかにしています。

また、市場では競合している企業が、共同配送を実施するなど、協力して物流再編を行っている事例もいくつもあり、今後もこの動きは広がっていくでしょう。

企業だけではなく、政府や諸団体でも、物流・流通業界が環境負荷低減に取り組めるよう、マニュアルやガイドを作成するなどの支援をしています。自治体やＮＧ

♪日本からの情報発信、ありがとうございます。今まで言葉や地理的な問題などから日本の情報は限られていましたが、今後の情報が楽しみです。（カナダ、企業、男性）

Oでも、自動車利用を少しでも減らそうという取り組みを展開するところが増えています。

欧米では、自動車を各自が所有するのではなく、共同で利用しようという「カーシェアリング」の取り組みが進んでいます。カーシェアリングは、「所有から機能・サービスへ」の意識変革を進めるきっかけとなるとともに、二酸化炭素排出量を削減するなど環境負荷を下げます。

日本では、既存の法規制や現行の社会システムとの関連もあり、これまでは実験的な取り組みや、自転車の共同利用の取り組みが主に進められてきました。新しい成長事業として注目されている米国に比べ、日本では、経済産業省や国土交通省が推進役となり、電気自動車など低公害車の普及と結びつけてカーシェアリングを推進していることが特徴ですが、ガソリン車を使ってのカーシェアリングの取り組みも始まり、日本初の民間カーシェアリング会社が東京や横浜などで営業を始めています。今後もさまざまな動きが出てくることでしょう。

カテゴリー　交通
プレーヤー　政府、自治体、大学・研究機関、NGO・市民

・国交省、モーダルシフト促進アクションプログラムを策定
・総合静脈物流拠点港（リサイクルポート）に新たに13港を指定
・名古屋市、職員のマイカー通勤を禁止
・神戸市、グリーン配送を導入
・トラック運送事業におけるグリーン経営推進マニュアル、完成
・トラック運送事業のグリーン経営認証制度、始まる
・路面電車をアピール　市民ネットワーク設立
・「自転車タクシー」の営業始まる
・自転車タクシー、東京でも元気に走る
・大阪郊外のニュータウンでカーシェアリングを導入
・高松市で放置自転車をリサイクルして活用
・大学で、カーシェアリング
（全67件より抜粋　2004年2月現在）

質・量・利用方法ともに広がる環境報告書

近年、自社の環境への取り組みを株主や地域社会、取引先、消費者、従業員などに伝えるために、環境報告書を発行する企業が増えています。また企業だけではなく、自治体や大学などでも環境報告

書を出すところが出てきています。

環境報告書には通常、経営責任者の緒言、環境保全に関する方針・目標・計画、環境マネジメントに関する状況（環境マネジメントシステム、法規制遵守、環境保全技術開発など）、環境負荷の低減に向けた取り組みの状況（例：二酸化炭素排出量の削減、廃棄物の排出抑制）などが盛り込まれます。社内外に公表するためのものですが、宣伝パンフレットのようなイメージアップのためのツールではありません。紙媒体が中心ですが、最近ではホームページとの連携をはかったり、ホームページでのみ発行している企業もあります。

環境報告書の作成は、ＩＳＯ１４００１認証取得が増加した90年代の中頃から、急速に広がりました。この初期段階に、91年から市民と企業の共同作業を続けているバルディーズ研究会や、やはり91年に当時日本では知られていなかった「環境監査」という概念を研究する集まりとして誕生した環境監査研究会などのＮＧＯが環境報告書の普及や教育に大きな役割を果たしたのは特筆すべきことです。

環境報告書を作成し公表する目的は、事業者の環境保全に向けた取り組みの自主的改善、および利害関係者との環境コミュニケーションの促進ですが、最近では「事業者は環境に関する情報を公開していく社会的責務がある」という考え方も広まりつつあります。

環境省の「２００２年度環境にやさしい企業行動調査」（上場企業２６５５社、従業員５００人以上の非上場企業３７３５社を対象）（**図1**）によると、環境に関する情報を「一般向けに公開している」企業は35・９％と、上場企業では48・４％です。この割合はここ数年増え続けています。環境情報公開の一つの手段として環境報告書を作成している企業数も年々増加しており、回答企業のうち、６５０社が02年度に作成しました。さらに、「03年度作成予定」とした企業も２５１社あり、今後さらに増加するものと予測されます。

当社はSRI（社会的責任投資）の会社です。日本企業の社会観、倫理観に加えて、環境面での取り組みについての情報を期待しています。（英国、企業、女性）

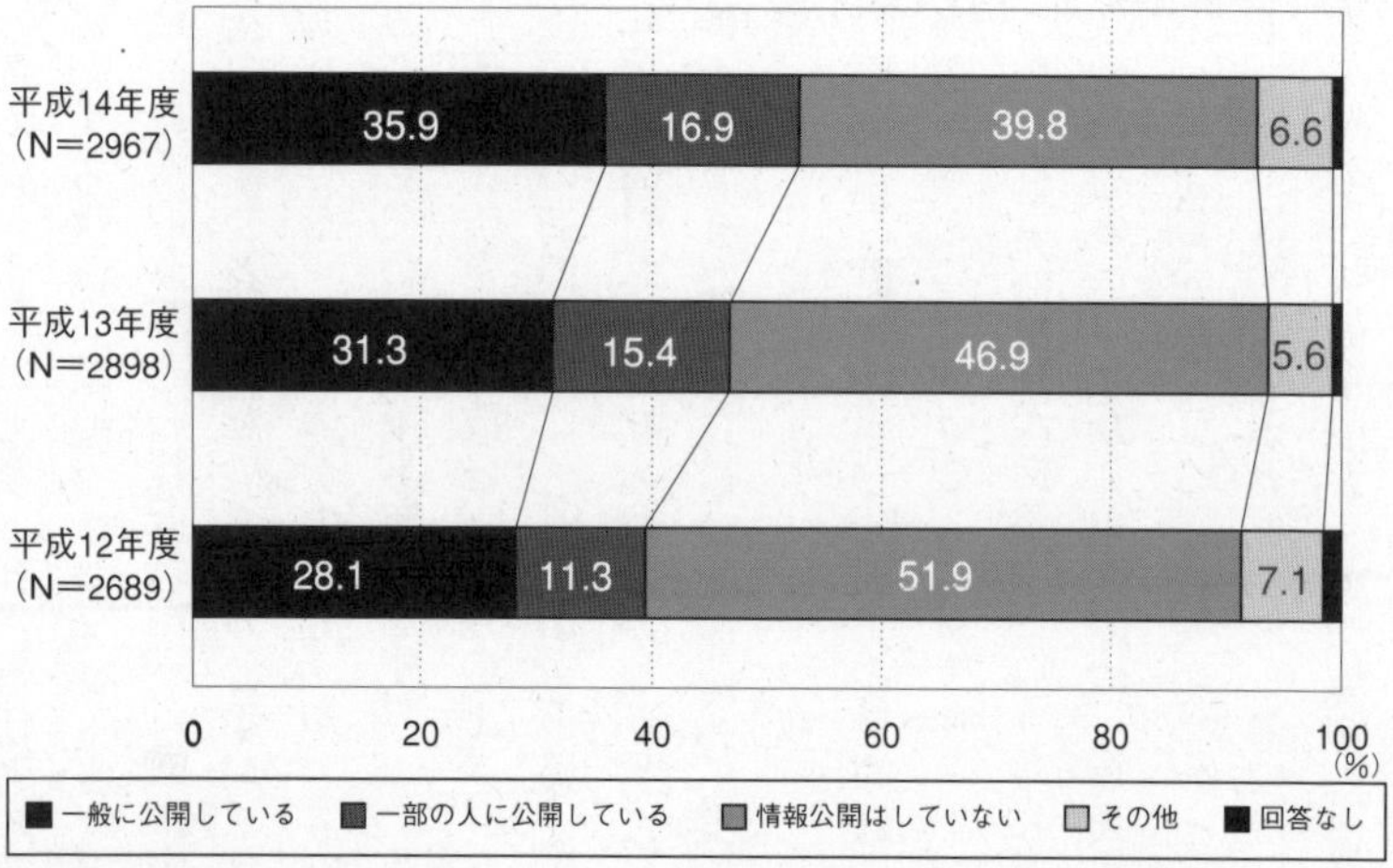

図1　環境情報の公開状況（図中のN＝有効回答数）（出典：環境省）

全社を対象とする環境報告書ではなく、地域住民に焦点をあてて、工場や事業所単位で報告書を作成・公表する企業も増えてきました。「地域環境の保全」に対する関心に応えるために作成されるもので、ソニーやＮＥＣなどが早くから取り組んでいます。また、子どもを対象にした「子ども向け環境報告書」を発行するところもあります。

環境報告書を出すのは企業だけではありません。行政の例として、東京都水道局が環境報告書を出しています。また東京都では、化学物質に的を絞った「ミニ環境報告書」の枠組みを作り、中小企業や商店街ごと、数社共同での作成を呼びかけています。大学でも、早稲田大学などが「大学の環境報告書」を出しています。

環境省では、環境報告書の作成に取り組む企業への手助けとして、01年2月に「環境報告書ガイドライン（2000年度版）～環境報告書作成のための手引き～」を発表しました。このガイドラインの発行により、日本企業の環境報告書作成の動きが大きく加速されました。現在、ガイドラインの改訂版の作成が進んでいます。

環境報告書に記載される情報の中でも大変重要な「環境パフォーマンス指標」についても、環境省がガイドライン（2002年度版）を公表しています。環境パフォーマンスとは、「自らが発生させている環境への負荷やそれにかかわる対策の成果」のことで、事業活動での環境パフォーマンスの把握や評価を行う際に用いるのが「環境パフォーマンス指標」です。ガイドラインによって、各社の環境パフォーマンスの比較や評価がしやすくなります。また、経済産業省からもステークホルダー（利害関係者）を意識した「環境レポーティングガイドライン2001」が出されています。

環境省では、環境報告書データベースを公開し、作り手のみならず、読み手の意識啓発や利便性をはかろうとしています。環境省が中心となって運営している地球環境パートナーシッププラザには、環境報告書のライブラリーがあり、さまざまな環境報告書の実物が閲覧できます。また、環境報告書を中心とした環境コミュニケーションの普及と発展を図ることを目的として、環境報告書に関心を持つ事業者、団体、自治体、大学、市民などが1998年に設立した環境報告書ネットワーク（NER）でも、環境報告書に関する研究会やシンポジウムなどの開催、さまざまな媒体による情報交換や情報発信を行っています。

02年秋には、国際的なサステナビリティ・レポーティングのガイドラインであるグローバル・レポーティング・イニシアティブ（GRI）ガイドラインの日本への普及、および日本からの提言発信を目的とするGRI日本フォーラムが設立されました。

現在、環境報告書の表彰制度は二つあります。一つは、97年度から地球・人間環境フォーラムが主催し環境省が後援する「環境レポート大賞」です。もう一つは、グリーン・リポーティング・フォーラムと東洋経済新報社が共催する「グリーン・リポーティング・アワード」です。それぞれ、優秀な報告書を表彰することで、全体のレベルアップや裾野の広がりをめざしています。

エコファンドやSRI（社会的責任投資）などが盛んになるにつれ、環境報告書は企業のスクリーニングや格づけ、評価の主要な情報源として使われるようになってきました。同時に、説明責任とし

♪ 再生可能エネルギー、ゼロエミッションに向けた日本の取り組みの記事は、とても面白く参考になりました。今後のニュースレターも楽しみにしています。（インド、政府、女性）

ての情報開示だけではなく、環境報告書はさまざまなツールとして活用されるようになってきました。自社の社員向けの環境教育テキストとして用いている企業もあります。NECが東京都の協力を得て府中市と共催で「NEC府中の環境報告書を読む会」を行うなど、地域住民との対話・理解を深めるために用いられる例もあります。

興味深い動きとして、より幅広い利害関係者と率直な意見交換をすることを目的に、異業種の企業が共同で環境報告書を読む会を開催する例が出てきています。01年12月に、サントリーと松下電器産業は、「環境報告書を読む会」を初めて共同開催しました。それぞれの環境報告書を制作担当者が解説し、消費者などから直接質問や意見をもらい、双方向コミュニケーションを深める試みです。02年には、トヨタ、リコー、エプソン販売なども実施しています。03年2月には、損害保険ジャパンと日産自動車が「環境・社会レポートを読む＋質問する〜発行者との協働ワークショップ〜」を共同開催しました。非製造業と製造業のサステナビリティ・レポートを読み比べてもらい、率直な意見を得ることがねらいです。

報告書そのものの方向性も大きく変化しつつあります。特にこの数年、「環境報告書」から「サステナビリティ報告書」へ向かう動きが明確になってきました。環境だけでなく、経済や社会責任も含め、より広範な概念で、企業の持続可能性を定義し、これをステークホルダーに情報開示しようという動きです。環境報告書ネットワークが02年6月に実施した企業意識調査によると、回答企業の3分の1は「サステナビリティ報告書をすでに発行している」と答え、「計画中」「検討中」とした企業も4分の1以上ありました。また「企業の社会的責任（CSR）報告書」と名づける例も増えています。

日本では環境報告書をめぐって活発な活動が展開されています。JFSのホームページには、世界の方々が日本企業の報告書を読めるよう、「英語版環境報告書のリンク集」がありますので、ご利用ください。

もはや常識？　グリーン購入・グリーン調達

環境に配慮して購入・調達を行うグリーン購入・調達が、日本ではさまざまな分野でめざましく広がり、深まっています。

グリーン購入を進めている主な当事者は三つあります。一つは、自らの環境負荷低減をはかるとともに、納入業者や住民の意識啓発・取り組み促進をめざす国や地方自治体です。二つめは企業です。企業市民としての責任として取り組むと同時に、部品や原材料・サービスの供給業者がもたらす潜在的な環境リスクを低減し、「環境」という切り口で製造・業務プロセスを見直すことによってコスト削減も実現することをめざしています。ＩＳＯ１４００１に取り組む企業が、自社内の「紙、ごみ、電気」の削減を進めた次のステップとして、間接影響を考えに入れてグリーン購入を始める例も多いようです。そして三つめは「買い物は投票だ。購買活動で産業のグリーン化を進めよう」という市民団体や環境ＮＧＯ、一般市民です。当事者ごとに取り組みを紹介しましょう。

２０００年4月に日本政府は、主に逼迫する廃棄物処分場問題への対処として、「循環型社会形成推進基本法」「廃棄物処理法」「資源有効利用促進法」「容器包装リサイクル法」「家電リサイクル法」「建設資材リサイクル法」「食品リサイクル法」「グリーン購入法」を定めました。

日本では、１９７０年に、公害に関する14の法律が一挙に成立し、その後の日本の公害に対する取り組みを大きく進める原動力となりました。２０００年の環境関連6法の成立は、循環型社会への枠

ニュースレターの大ファンです。日本の情報源として活用しています。オランダをはじめ諸外国は、自分の国がどのように取り組むべきかをJFSから学んでいます。（オランダ、大学、男性）

組みを整え、取り組みを強力に促すものとして、重要な役割を担うものです。

年間約4億トン排出される産業廃棄物と約5000万トン出る一般廃棄物をできるだけ減らし、特に最終処分場へ送られる廃棄物量を減らすために各種のリサイクル法ができたのですが、リサイクル製品が市場で購入されないとリサイクルが進まないため、受け皿として「グリーン購入法」が制定されました。

グリーン購入法の目的は、「環境負荷の少ない持続可能な社会を構築するために、環境負荷の低減に資する物品・役務（環境物品）を推進・普及する」ために、国などの公共部門において、このような環境物品の調達を推進することと情報提供を進めていくことです。

01年1月には基本方針と101品目の特定調達品目およびその基準が出され、4月から全面施行となりました。国の機関では、グリーン購入法に則って調達方針の作成や調達方針に基づく物品の調達推進、調達実績の取りまとめや公表が義務づけられています。02年2月には、特定調達品目を公共工事の17品目を含めて50品目追加し、さらに、03年2月には24品目が追加されています。

グリーン購入法において、地方自治体は「努力義務」という扱いですが、多くの地方自治体が独自にグリーン購入・調達を進めています。最終消費支出のうち、国および地方公共団体は合わせて16・7％を占めています。そのうち、地方公共団体は国の約3倍を占めていることから、今後、国などから地方公共団体にグリーン購入が普及するに従い、さらに実際の環境負荷の低減と環境物品の市場形成につながるものと期待されています。

二つめの当事者、企業を見てみましょう。産業界でも、環境に配慮した部材・資材を優先して調達するというグリーン調達が大企業を中心に広がっています。キヤノン、リコー、シャープ、松下電器産業などでは、グリーン調達ガイドラインを定めて全社的にグリーン調達を進めています。調達の環境面の基準として、「調達先」（ISO14001などの環境マネジメントシステムの有無と質）と、

環境保護分野の研究をしています。現在EUで環境問題を担当しており、JFSの情報はとても役に立っています。ありがとう。（ルーマニア、研究機関、男性）

COLUMN

グリーン購入法の効果は絶大!?

グリーン購入法は、「需要の転換により環境負荷の少ない持続的発展が可能な社会の構築」を目的として施行されましたが、どれほどの効果を発揮しているのでしょうか?

環境省では、2001年度の実績をもとにいくつかの特定調達品目について、環境負荷低減効果の試算、特定調達物品の市場形成の状況の調査を行い、03年2月にその結果を発表しました。

コピー用紙の例を見てみましょう。特定調達物品として認められるコピー紙は、

(1)古紙配合率100%かつ白色度70%程度以下であること、

(2)塗工されているものについては、塗工量が両面で平方メートル当たり12グラム以下であること、

という基準を満たしたものです。

グリーン購入法の対象となる国などの機関(国会、裁判所、省庁、独立行政法人、特殊法人)が2000年度に調達したコピー用紙は合計で38万932トンでした。そのうち、特定調達物品は7万4958トンと、92・6%を占めていました。積極的な取り組みがうかがえます。この特定調達物品の調達量7万4958トンが、すべてバージンパルプ100%のコピー用紙だった場合と比較すると、原材料として使用されるパルプ材を2万7000立方メートル削減したことになります(幹径30センチ×高さ10メートルの立木29万2000本に相当)。

また、コピー用紙の国内出荷量に占める特定調達物品の割合は、2000年度の11・6%から、01年度は23・6%へ、2倍以上に増加しています。また、古紙配合率の低いコピー用紙が減り、古紙配合率100%など、配合率の高いコピー用紙が増えています。01年度の特定調達物品の国内出荷量17万9860トンのうち、国などの調達実績は7万4958トンと41・7%を占めています。

国などのグリーン購入が、特定調達物品の市場形成に大きく貢献していることがうかがえます。

「資材自体」の環境面を2本柱でチェックし、調達先を選定する企業が多いようです。

松下電器ではグループ全体の年間調達額2兆2000億円のうち7～8割を占める3600社を対象にグリーン調達を進めています。松下グループ11社の資材部門は、従来の資材選定の3条件（QCD：品質、コスト、納期）に環境（E）を加えることに合意し、「グリーン調達基準書」を基本に、原材料、補助材料、消耗工具、市販部品、外注部品のすべてを対象に、グリーン調達を進めています。

グリーン調達に取り組んでいる大手企業は、これが競争力強化につながると認識しています。温暖化の深刻化や循環型社会への移行に伴って、二酸化炭素や廃棄物の排出削減、リサイクル促進などの環境対応が企業の競争力の源泉となってきます。その際、環境リスクの低い資材や部材を供給でき、継続的に環境負荷とコストを低減できる環境マネジメントシステムを有する企業を取引先として絞り込むことは、その企業の競争力にとっても重要なのです。

ソニーは、グリーン調達で購入先を選別するだけではなく、環境配慮をより徹底させるために、部品、デバイス、原材料などを納入しているビジネスパートナーと連携し、グリーンパートナー基準を設けています。東京ガスは、製品や部材だけではなく、工事や役務の購入ガイドラインを策定してグリーン購入を進めています。このように、近年、大口需要家としての企業や自治体のグリーン購入が盛んになっています。

三つめの当事者の例をご紹介します。地方自治体が住民の意識啓発のために、また住民やNGOが「一人ひとりの購買力は小さくても集まれば大きい」と自主的な取り組みとして、地域でのグリーンコンシューマーガイドを作成する動きが各地に広がっています。グリーン購入に関わるさまざまな団体やネットワークであるグループグリーンコンシューマー研究会のホームページには、全国版・地域版合わせて数十のグリーンコンシューマーガイドが掲載されています。高校が作ったものもあります。

日本には、行政・企業・消費者という三つの当事者をつないでグリーン購入・調達に重要な役割を果たしている独自の組織があります。グリーン購入・調達を進める企業や行政、消費者団体などが集まり、96年2月に結成された「グリーン購入ネットワーク（GPN）」です。設立当時、会員数は73団体（企業40、行政20、民間団体13）でしたが、04年2月23日現在では、会員数は2874団体（企業2235、行政368、民間団体271）と40倍にも増えています。

企業・行政・消費者の緩やかなネットワークとして、グリーン購入の普及啓発や優れた取り組み事例の表彰・紹介、購入ガイドラインの策定、データベースづくりとデータブックの発行などの活動を通して、消費者・企業・行政におけるグリーン購入を促進しています。

01年6月に改訂されたGPNグリーン購入基本原則では、「必要性の考慮」を基本原則1としたところに大きな意義があります。製品やサービスを購入する前にまずその必要性を十分に考え、現在所有している製品の修理、リフォームのほか、共同利用・所有、レンタルなども考えます。

最近、環境に配慮されたホテル・旅館を利用する際に考慮すべきポイントをまとめた「ホテル・旅館」利用ガイドラインを制定しました。これは、ホテル・旅館業界を対象とした国内で初めての本格的な環境に関するガイドラインで、GPNとして15番めのガイドラインです。また、02年2月末には「環境にやさしい商品はどこで買えるの？」という消費者の声に応える『エコどこナビ』をインターネット上にオープンしました。自分の地域を指定し、それからほしい商品をクリックすると、自分の地域でグリーン商品を扱っているお店を知ることができます。

現在、環境に熱心に取り組んでいる自治体や大企業ではグリーン購入・調達に取り組んでいないところはないほどですが、まもなく、ある規模以上の自治体や企業にとっては「グリーン購入・調達は常識」という時代になるでしょう。

ラトビアの環境省に勤務しています。現在、国の環境政策を立案中なので、日本や諸外国の持続可能性研究、特に大学レベルでの教育に関する情報提供をお願いします。（ラトビア、政府）

COLUMN

グリーン購入ガイドラインとは

　ＧＰＮでは、あらゆる製品やサービスに共通するグリーン購入の基本的な考え方をまとめており、この基本原則は多くの自治体や企業の購入指針に取り入れられています。

　グリーン購入ガイドラインは、この基本原則にもとづいて商品分野ごとの購入指針を策定したものです。策定グループにはＧＰＮの会員であるメーカー企業、購入側企業、消費者団体、自治体などが参加し、半年以上にわたって議論を重ねます。１９９６年11月に「ＯＡ用紙・印刷用紙」の購入ガイドラインが初めて策定され、今日ではオフィスで使う製品から家電製品や自動車、サービスまで15分野に及ぶガイドラインが制定されています。

＊「印刷・情報用紙」
＊「トイレットペーパー・ティッシュペーパー」
＊「冷蔵庫」
＊「洗濯機」
＊「自動車」
＊「オフィス家具」
＊「制服・事務服・作業服」
＊「ホテル・旅館」
＊「コピー機・プリンタ・ファクシミリ」
＊「パソコン」
＊「文具・事務用品」
＊「照明」
＊「エアコン」
＊「テレビ」
＊「オフセット印刷サービス」

このような製品・サービスに関する情報は「グリーン購入のためのＧＰＮデータベース」としてＧＰＮのホームページに掲載されています。各メーカーが提供する約１万１０００商品（２００３年12月現在）の環境情報が公開され、消費者は購入ガイドラインに沿って商品を環境面から比較・選択できます。

ＧＰＮホームページ　http://eco.goo.ne.jp/gpn/

日本のさまざまな環境への取り組みの一つの特徴は「消費者主導というより、産業界主導」であるということですが、グリーン購入・調達も、消費者より企業・自治体が先行している印象があります。一般の消費者にどのようにグリーン購入の考えや意義を広め普及していくか、グリーンコンシューマーをどのように増やしていくか。自治体や企業にとっても、次なるチャレンジです。

また、大口消費者である企業が積極的に進めているグリーン購入・調達は、業界再編や個別企業の競争力・生き残りをも左右するほど大きな影響力を有しています。今後のいろいろな動きや展開から目が離せません。

日本の環境ラベル

環境ラベルとは、環境配慮型の製品やサービスに付ける環境情報です。購入者にその製品の環境への影響の種類や大きさ、評価などを伝えることで、環境にやさしい製品を買う動きを後押しし、それによって、環境にやさしい製品の市場を広げていくことを目的としています。

環境ラベルにはいろいろな種類があります。各国の代表的標準化機関からなるISO（国際標準化機構）では、環境ラベルをタイプI、タイプII、タイプIIIの三つのタイプに分けて規格を制定しています。

タイプIは第三者機関が認定するラベルで、日本では「エコマーク」があります。日本環境協会が商品ごとに認定基準を作り、その基準に照らしてメーカーの申請を「認定」し、認定されたものに「エコマーク」をつけることができます。2003年12月31日現在、59の商品類型で、5673の商

英国で再生可能エネルギーなどの情報発信活動に携わっております。JFSの情報をぜひヨーロッパでも紹介させてください。（英国、マスコミ、男性）

品ブランドが認定されています。認定企業数は、1902社です。同協会のホームページ上で、ガイドラインや認定基準が読めるほか、認定商品のデータベースがあります。

タイプⅡは企業が自ら出す「自己宣言」で、さまざまなものがあります。たとえば、NECではエコシンボルを制定し、エコシンボルの適用製品率を03年度までに自社ハード製品に占める売上げ高比率の30％以上にするという目標を掲げています。2000年度に出荷したエコシンボル適用製品の使用時における消費電力は従来製品と比べると、59％低減しており、約12万世帯が1年間に排出する量に相当する41万トンの二酸化炭素排出量を削減したことになるというエコシンボル製品の環境への効果が得られています。

松下電器は、03年4月より環境ラベルを導入しました。環境配慮設計に基づいた製品を「グリーンプロダクツ」として、開発する製品への拡大をはかっています。10年度に90％が目標ですが、02年度は、開発した製品のうち583機種がグリーンプロダクツとして認定され、グリーンプロダクツ開発率は41％。02年度に開発した新製品の年間販売予想金額の約4割を占めています。

凸版印刷でも環境配慮型製品ラベルを設定しています。そのほかにも、キヤノン、シャープ、東芝、日立、富士通、三菱電機などが、独自の環境ラベルを制定し、使用しています。

また個別企業ではなく、業界としての取り組みもあります。パソコンメーカーの団体である電子情報技術産業協会（JEITA）は01年9月に「PCグリーンラベル」を定めました。環境にやさしいパソコンを購入したいという消費者の選択の目安となるように設定した、パソコンの環境ラベル制度です。また、主に省エネに着目したラベル制度として、「省エネラベリング制度」「環境・エネルギー優良建築物マーク表示制度」などがあります。

47都道府県団体、39民間団体（消費者、事業者および廃棄物関連団体）からなるNGO、ごみゼロパートナーシップ会議は「再生紙使用マーク」を定めています。また、原料に古紙を規定の割合以上利用していることを示す「グリーンマーク」、「牛乳パック再利用マーク」、「間伐材マーク」などのほか、PETボトルのリサイクル品を使用した商品につけられる「PETボトルリサイクル推奨マーク」などがあります。また、国土交通省が運営している「低排出ガス車認定」では、自動車の排出ガス低減レベルによって、超、優、良の3段階のマークがあります。

タイプⅢは環境負荷情報を定量的に表示するもので、日本では最初のタイプⅢラベルとして、産業環境管理協会（JEMAI）の運営する「エコリーフ」が02年6月から始まりました。資源採取から製造・物流・使用・廃棄リサイクルまでの、全ライフサイクルを通じた製品の環境データをLCA（ライフサイクルアセスメント）で計算し、製品の定量的な環境情報を示すものです。04年2月20日現在、26製品分類について基準が制定され、120製品のエコリーフが登録、公開されています。

JEMAIは、タイプⅢ環境ラベルの国際規格化を促進し、国際レベルで積極的に情報を交換し、将来の国際相互認証に関する協議を行うために、99年に、スウェーデン、デンマーク、ノルウエー、ドイツ、イタリア、カナダ、韓国の各国に呼びかけて、「Global Environmental Declaration Network (GEDnet)」を結成しました。各国の状況報告や国際規格化の進め方などの討議を行っています。

また、業界が独自に定量的な環境情報を提供しているものもあります。たとえば、自動車メーカーの業界団体である日本自動車工業会が、自動車の環境負荷を幅広く考慮した環境性能の一覧として、車種別環境情報を提供しています。電気機械器具の業界団体である日本電機工業会は、家電製品のライフサイクルを幅広く考慮した環境性能のデータ集として、家電製品環境情報を提供しています。

では、このような環境ラベルは、一般の消費者にどのように浸透し、使われているのでしょうか？

最もよく知られている環境ラベルであるエコマークについて、エコマーク事務局が01年1月に行った「エコマークに関する一般消費者意識」の調査があります。有効回答数のうち92％がエコマークを知っていると答え、その中でも学校で習ったことのある若い層で認知度が高いという結果でした。2

日本の持続可能性の取り組みを教えてください。私は日本企業がわが国の環境に与えている現実をお伝えしようと思います。真の情報交換を期待しています。（チリ、大学、男性）

000年11月に、環境省が都道府県・市区町村を対象に実施した「地方公共団体におけるグリーン購入の調査」では、「グリーン購入にあたって参考にする基準・資料」の項目で「エコマーク」が県100％、市区81・4％、町村59・9％とトップで、一般の人々にもグリーン購入の担当者にも認知度が高いことがわかります。

タイプⅢについては、現在のところ企業対企業での利用が主流であることもあり、タイプⅡやタイプⅢの環境ラベルについては、環境意識の高い層を除いてはあまり知られていないのが現状です。「環境ラベル＝エコマーク」というイメージを持つ一般消費者も多く、目的や必要な情報に応じてさまざまな環境ラベルの環境情報を利用することができるよう、環境ラベルについての普及啓発が必要です。

身近な買い物行動を通して、環境への意識を高めてもらおうと、さまざまな地方公共団体がリサイクル製品やエコショップを認定・指定するなど、独自の環境ラベルなどの制度を設けています。日本消費生活アドバイザー・コンサルタント協会（ＮＡＣＳ）の環境委員会では、消費者の環境ラベルへの意識啓発をはかるため、さまざまな学習会やシンポジウム、展示を開催しているほか、「消費者が望む環境ラベル10原則」として、環境ラベルを消費者への情報提示として用いる場合の原則を提示しています。

原則1　十分な量の情報があること
原則2　わかりやすいこと
原則3　具体的な表現であること
原則4　トータルな情報であること
原則5　比較できること

原則6　信頼できること
原則7　社会のニーズを反映していること
原則8　検証されていること
原則9　「消費者の知る権利」に対応していること
原則10　「消費者の意見をいう権利」が確保されていること

生産者と消費者の両方を持続可能な方向へ進めていく一つのツールとして、環境ラベルの役割は重要です。ラベル制度のみならず、活用の事例やその効果についても、注目していきたいと思います。

エコプロダクツ展—世界がうらやむエコ製品・サービスの祭典

毎年12月に「エコプロダクツ展」という大きな展示会が東京で開催されます。主催は産業環境管理協会と日本経済新聞社です。「エコプロダクツ」とは、地球環境に与える影響を少なくした製品・サービスのことで、「エコプロダクツ展」には、数百の企業や団体が出展し、家電や日用品、オフィス機器、自動車などの一般消費財から、各種素材、住宅関連、エネルギーなど、あらゆる分野の「エコプロダクツ」が展示されます。商品の流通・販売などにあたる非製造業の果たすべき役割も大きいため、容器・包装、小売・流通、物流・輸送などの業界からも多数参加し、近年では「モノから機能・サービスへ」の移行を促進するリース・レンタルや、さまざまなリサイクルビジネス、教育やコンサルティングなどの「エコサービス」分野からの参加も増えています。

♪ 課題が山積みの途上国で、環境NGOを運営しています。JFSのニュースレターは私たちの活動に大いに役立つことでしょう。（カメルーン、NGO、男性）

エコプロダクツ展は、単なる製品・サービスの展示にとどまらず、自治体や企業などの大口「グリーン購入」調達担当者との商談や新しいビジネスパートナー発掘の機会を提供するなど、グリーン市場を積極的に拡大することをねらっています。また、さまざまな企画やセミナー、シンポジウム、イベントなどを通して、一般の人々や子どもたちの意識を啓発することも目的です。消費者と生産者の環境コミュニケーションを深める場として、一般の消費者も積極的にかかわり、参加していることも特徴です。通常、展示会に出展しにくい環境NGOやNPO、大学などにもスペースを提供し、企業にとどまらない幅の広い層が集い、情報交換し、互いの理解や連携を深め合う場となっています。

以前、『ファクター4』の著者であるドイツのエルンスト・U・フォン・ワイツゼッカー氏がエコプロダクツ展で記念講演をされた時、会場を視察して、「日本企業の取り組みは、環境に熱心なヨーロッパの企業よりも一歩先を歩み出しているようにみえる」と驚いていました。

エコプロダクツ展の来場者は、毎年増えており、3日間で10万人以上が来場します。02年度からは学校で、「総合的な学習の時間」という、これまでの教科の枠組みを超えた授業が行われるようになったこともあり、小学生や中学生の姿も目立ちます。変化の激しい世界・社会の中で「生きる力」を身につけられるよう、子どもたちが主体的に学び、考え、問題解決ができる力をつけるために設けられた「総合的な学習の時間」の課題例として、文部科学省の定めた新学習指導要領には「国際理解、情報、環境、福祉・健康など横断的・総合的な課題」が載っています。この「総合的な学習の時間」で「環境問題」を取り上げる小・中学校が非常に増えてきました。エコプロダクツ展は格好の環境教育の場を学校に提供しているのです。

エコプロダクツ展は、日本のさまざまな業種の企業のエコ製品やエコサービス、環境への取り組みのショーケース。今後の展開と広がりがさらに期待されます。

ところが、エコプロダクツ展は、ホームページには英語ページで説明が少し載っているものの、これまでは基本的に日本国内向けでした。会場の掲示や案内、出展企業のチラシやパンフレット、説明も、ほとんどが日本語なのです。せっかく日本に在住・滞在中の海外の人々に、日本の環境への取り組みをいろいろと見てもらえる機会なのに、もったいない！　と思ったＪＦＳでは、「外国人向けエコプロダクツ展ツアー」を始め、好評を博しています。

日本のNGO、政府、企業が、持続可能な開発に向けて可能な限り協力し、真剣に取り組んでいる様子をニュースレターで読みました。素晴らしいですね。（マレーシア、NGO、女性）

COLUMN

外国人向けエコプロダクツ展ツアー

ＪＦＳでは、海外へ日本の取り組みの情報を発信することと同じぐらい、「日本に在住・滞在中の海外の方々に直接日本の取り組みを見てもらう」ことも大切だと考えています。百聞は一見に如かず、と言いますが、実際に見てもらい、取り組んでいる人々の話を聞き、質問したり議論したりすることで、より深く理解してもらい、躍動を感じてもらえます。それは、今後のつながりのきっかけにもなることでしょう。

日本にはたくさんの外国人が在住・滞在しています。それらの人々を通して、各国に「日本は今面白いよ！」という情報が飛んでいけば、ＪＦＳの情報や活動をもっと多くの人に役立ててもらうことができます。そのような機会を提供する場として、私たちは毎年12月に東京ビックサイトで行われる「エコプロダクツ展」で、ブースを出展して活動の紹介をしています。加えて、外国人の来場者向けの英語ガイドツアーを開催しています。

２００２年には7人、03年には17人が参加し、ＪＦＳスタッフや通訳ボランティアと一緒に、企業などの「みどころ」ブースを訪問して回りました。各社のブースでは環境活動についての説明を聞き、質疑応答やディスカッションを行いました。参加者からは「とても有益なツアーだった」「企業が熱心に取り組んでいる様子が理解できた」「通訳の説明がわかりやすかった」などのコメントをいただきました。また、「大企業だけでなく、中小企業やＮＧＯの取り組みなども紹介してほしい」といった、多様な関心にどのように応えていくかなど、今後の課題もいただきました。

今後は対象をさらに広げ、ぜひ、先進的な取り組みをしている工場や自治体を訪問し、現場での見学や意見交換ができる英語ツアーを計画していきたいなあ、と思っています。なお、「英語で世界へ」を目指すＪＦＳには、翻訳や通訳のスキルアップをしながらボランティアとして活動に参加したいという方も多く、エコプロダクツ展はそうした通訳ボランティアにとっても、レベルに合わせて「現場」に出られるとてもよい機会になっています。「エコプロダクツ２００３」ホームページ　http://eco-pro.com/

エコでなければ生き残れない！
変わり始めた企業たち

2

環境vs経済の図式は崩れ、イメージだけのエコブランド戦略もナンセンスになりました。今や企業にとって「環境」は、社会的責任であり、顧客維持の要であり、コスト削減策であり、市場での生き残りをかけた重要なテーマとなっています

「これからは安いだけでは商売できませんよ！」

提供するのは、ファンヒーターでなく、暖かさ—日本海ガス

日本の家庭では、ガスは欠かせないエネルギーの一つです。家の中を見回せば、さまざまなところにガスが使われていることに気づきます。調理用コンロ、給湯器、オーブン、ファンヒーター、温水式床暖房……。この30年間、家庭内で使われるエネルギーの中でガスの割合は増加しています。

ガス供給者にとって、環境の視点から重要なことは何でしょう？　一つは、海外での原料の発掘と処理、海上輸送、工場での製造、運搬、使用時など、各工程で二酸化炭素、窒素酸化物、硫黄酸化物、廃棄物の排出を削減することです。日本海ガス株式会社は、それにとどまらず、「ガスを提供することの本質的価値は何か」を突き詰めて考え、顧客、会社、そして地球の三者がともに勝者になれるビジネスモデルの開発に挑んでいます。

１９４２年に設立された同社は、現在富山県を中心に約11万世帯に都市ガスとLPガス、その他ガス関連サービスを提供しています。２００３年末時点では、３７７名（グループでは６００名）の従業員で、年間で１２０億円（グループ連結では２１０億円）を売上げています。

ちなみに、都市ガスは、日本の全世帯の約50％が利用するエネルギー形態で、地下のガス導管を通じて各家庭に供給されています。同社では原料にナフサとLPG（液化石油ガス）を利用していますが、04年から07年にかけて、環境負荷のより少ない天然ガスに全面転換する予定です。また、LPGは、気化・液化が容易なので貯蔵・運搬がしやすいため主にボンベを通じて家庭に供給され、全国世帯の約50％が利用しています。

限られた資源を扱う責務を認識する同社は、通常の企業以上に環境に取り組むことが重要と考えています。まず、海外から輸入した原料を受け取ったあとのガス製造時・供給時における省エネルギー

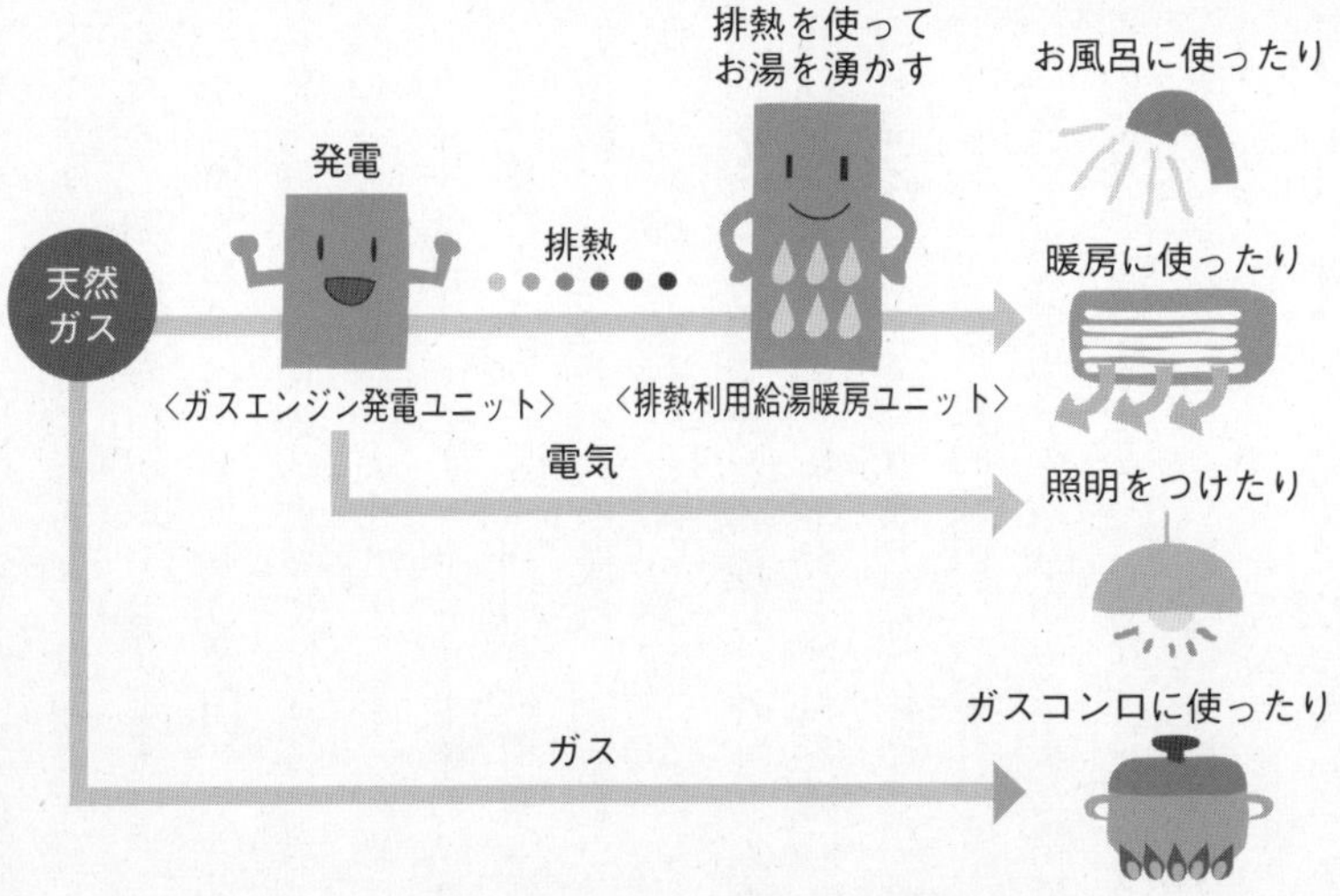

図2-1　ガスコージェネレーションシステム（出典：日本海ガスホームページ）

や環境負荷軽減、消費段階での省エネなどの活動を地道に行うこと。そして、企業レベルで経済と環境の両立を果たすべく、特に経営面にとってもメリットの大きいコージェネレーションと分散型発電を進めています。ガスコージェネレーションシステム（図2-1）は、発生する動力と熱をうまく利用することで省エネルギー化を図り、二酸化炭素排出を抑制できるシステムですが、同社では工場からのガス送出時にガスエンジンを用い、その廃熱を冷暖房や給湯などに利用することで、70～80％という高い総合エネルギー効率を得ています。

このような取り組みを展開していく中で、それまでは販売するだけだったガス機器の提供方法を見直すことになります。たとえばファンヒーター。寒い冬には重宝しますが、春から秋にかけては使わない季節商品です。技術向上によるモデルチェンジのたびに利用者が買い替えることになれば、資源使用量と廃棄物の増加につながります。つまり利用者にとっては保管の問題、環境にとっては資源の問題があります。

そこで同社は、「お客さまがほしいのは、ガスファンヒーターではなくて、暖かさのはずだ」という考えに基づき、冬の間だけファンヒーターをレンタルして使って

♪日本の持続可能性に関する最新情報が満載ですね。できれば、持続可能な開発に関する世界首脳会議の後、日本政府や各企業がどう取り組んでいるかを伝えてほしいです。（台湾、政府、男性）

もらうサービスを提供しました。暖かくなって不要になると、ファンヒーターを引き取り、専門家がメンテナンスを行ったあと、倉庫に保管します。一般家庭に置いておくよりもメンテナンスが行き届くため、製品の寿命が長くなります。

レンタル料金は一冬3000円。サービスを開始した2000年冬には、用意した150台がすぐ予約で埋まり、追加の要望に応えて合計で230台をレンタルしました。初年度の春、引き取り時に次の冬の予約を取ったところ、多くの顧客が継続予約を希望。02年には、437台（うち前年からのリピーターは165人・リピート率71・7％）、03年には442台（うちリピーターは333人・リピート率76・2％）と、利用者は増えています。

取締役社長の新田八朗氏は、「このようなモノからサービスへの展開においては、社員の意識改革が一つの鍵になる」と言います。このレンタルサービスを導入する際にも、社内では「販売すれば2万円から3万円で売れるのに、なぜそんなことを」という反応も強かったと言います。しかし、「自社の提供するファンヒーターはお客様にとって何なのか?」を繰り返し社内で問うていく中で、社員の意識は変わっていきました。機器という箱自体には意味はなく、寒い冬に暖かさを提供するというサービスこそが本質的価値なのだという考え方が浸透したのです。

同社では「環境への取り組みはまだ緒についたばかりだが、社員の一挙手一投足が環境に配慮したものになっていく中から、新たなビジネスモデルが生まれる」と信じています。

地球につき、取り扱い注意――カタログハウス

通信販売業界は、ここ二十数年間に急成長をとげ、日本では2002年度の売上げが2兆6300億円を超えました。持続可能な社会を考える時、これまでのショッピングカタログから想像するのは何でしょう。無料で送付され処理に困る大量のカタログ、消費意欲をあおる商品写真……。環境に配慮した消費とはほど遠いものに思えます。

通信販売業界は、実際に製造しているわけではありません。それは、製品に対する影響が小さいということなのでしょうか？　カタログの紙を古紙100％や非木材紙にしたり、インクを植物性にしたりするといったことを超えて、通信販売会社は持続可能な社会に向けてどのような貢献をすることができるのでしょうか？

この問いに「地球につき、取り扱い注意」というユニークなスローガンを掲げて正面から挑戦しているのが、カタログハウスです。

同社は、1976年に創業し、現在390名ほどのスタッフで02年度には国内で344億円の売上げをあげている通信販売・出版社です。同社のカタログ『通販生活』（180円、年4回発行）や『ピカイチ辞典』（580円、年1回発行）は、有料カタログにもかかわらず、それぞれ150万部、約195万部という発行部数を誇っています。日本で最も部数の多い総合月刊誌が65万部ほどであることから、これがいかに驚異的な数字であるかおわかりになるでしょう。

誌面のほぼ半分は独自取材のエスプリの効いた社会記事で占められています。これまでもたびたび、「戦争の放棄」をうたった日本国憲法第9条や、日本企業による東南アジアでのダム開発、北朝鮮への食料支援をめぐる問題など、社会をめぐる課題についてジャーナリスティックに取りあげ、社会的論争に火をつけてきました。小売りカタログなのに、ジャーナリズムの記事で読ませる。読者に「読ませる」技術において卓越した同社はこれを「小売ジャーナリズム」と呼び、業界を超えて独自のブランドを確立しています。

素晴らしいサイトですね。ビジュアルもかっこいいし、情報検索が簡単なので最高です！（南アフリカ、NGO、女性）

環境問題についても、現在の消費社会が抱える問題と自社とのかかわりの根本をみつめ、正面から挑んできました。「消費欲望刺激システムとして機能してきた通信販売は、今、大きな岐路に立たされている」「私たちは、地球という環境と資源を商品に替えて消費している、地球資源消費者なのだ」「現代消費社会が抱えこんでいる〈地球とビジネスの共生〉という難問を、最も先鋭に露出させているのが、通信販売なのだ」と企業思想に述べています。「これからは『ビジネス満足』と『地球満足』の両軸に足をかけてふんばらないと仕事ができない時代だ」。しかし考えてみれば、「大量の地球資源消費者に一斉にインフォメーションできるお店（カタログ）を持っていることで、通信販売はほかの小売り形態よりも『地球満足』をアピールしやすい、いや、しなければならない業態なのだ」。

このような考えに基づき、同社は自社の企業姿勢を「商品憲法」にまとめました。（図2-2）

第1条　できるだけ、「地球と生物に迷惑をかけない商品」を販売していく。

第2条　できるだけ、「永持ちする商品」「いつでも修理できる商品」を販売していく。

第3条　できるだけ、商品を永く使用してもらうために、「使用しなくなった商品」は第2次所有者にバトンタッチしていただく。

第4条　できるだけ、「寿命がつきた商品」は回収して再資源化していく。

第5条　できるだけ、「ごみと二酸化炭素を出さない会社」にしていく。

第9条　できるだけ、核ミサイル、原子力潜水艦、戦闘機、戦車、大砲、銃器のたぐいは販売しない。

第1条では、商品に関して「疑わしきは販売せず」という基本的立場を示しています。具体的には、ダイオキシン、環境ホルモン、代替フロン、原産地の不明な木製品、遺伝子組み替え食品など、消費

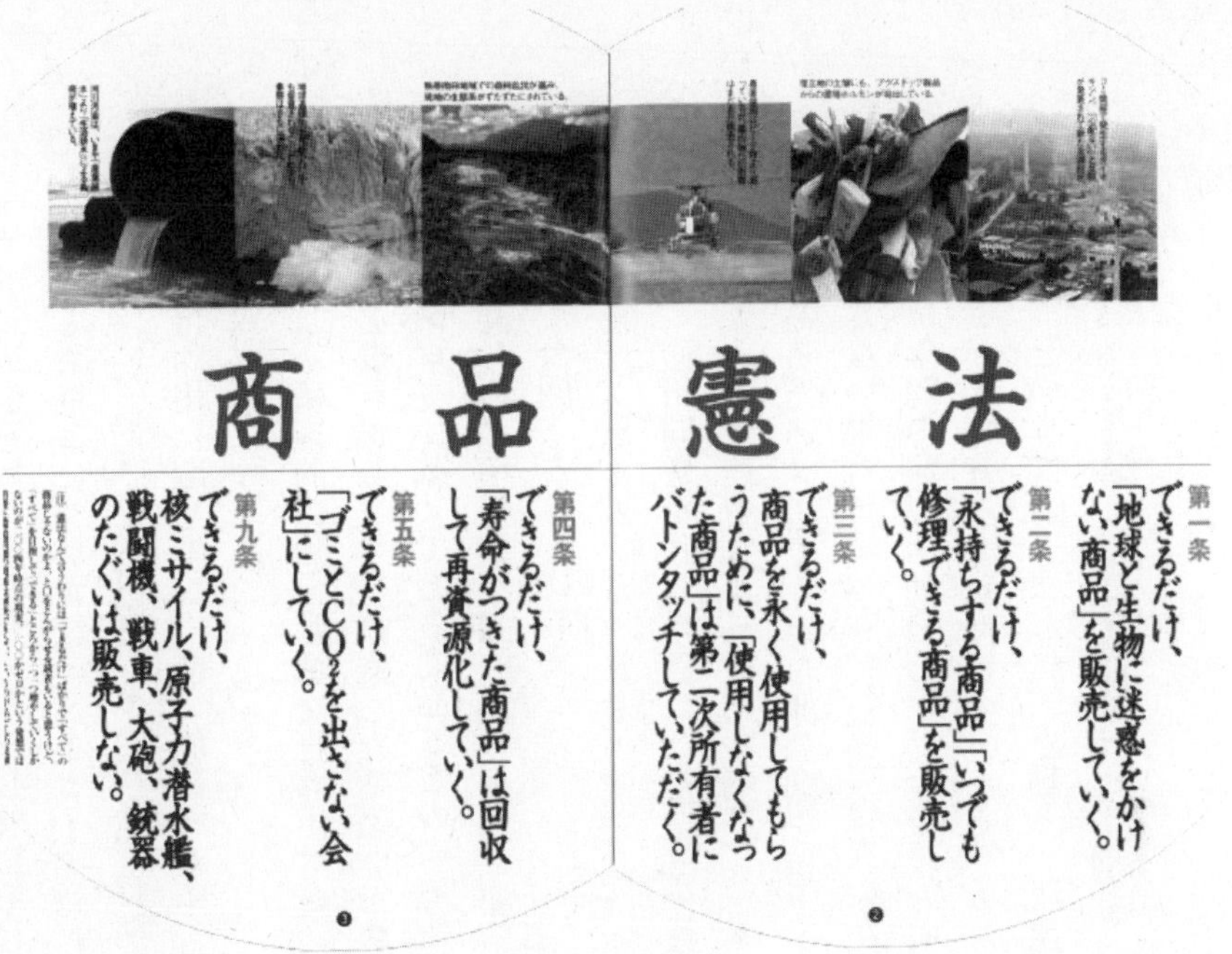
商品憲法
第一条
できるだけ、「地球と生物に迷惑をかけない商品」を販売していく。
第二条
できるだけ、「永持ちする商品」「いつでも修理できる商品」を販売していく。
第三条
できるだけ、商品を永く使用してもらうために、「使用しなくなった商品」は第二次所有者にバトンタッチしていただく。
第四条
できるだけ、「寿命がつきた商品」は回収して再資源化していく。
第五条
できるだけ、「ゴミとCO2を出さない会社」にしていく。
第九条
できるだけ、核ミサイル、原子力潜水艦、戦闘機、戦車、大砲、銃器のたぐいは販売しない。

図2-2　商品憲法（出典：カタログハウスホームページ）

者が不安を覚える商品の選択基準を詳細に示し、「このような商品は売りません」と明確にしています。特筆すべきは、さまざまな基準が法律や規制になるのを待たずに自主基準を設定し、商品供給先であるメーカーや商社に理解を求め要求していく姿勢です。

これまでも、南洋材の使用禁止、家電など使い終わった商品の回収と再生、冷蔵庫の断熱材フロンの回収無害化、ホルムアルデヒド放散量など、さまざまな項目について、法律化に先駆けての対応をメーカーや処理業者と協力して行ってきました。同時に、まだ対策ができていない商品として電磁波を出す商品、鉛はんだ使用商品、発展途上国の違法児童労働による商品などをあげ、今後の課題として認識しています。

また、「永く使って頂く」ことを「販売後の顧客満足」につなげるしくみをつくっています。購入者一人ひとりに満足度アンケートを返送してもらい、満足度の高い商品は何年も長期にわたって販売する。みだりにモデルチェンジにとびつかない。永く使っていただくために、手入れや修理に関するメン

ルーマニアの農林水産環境省に勤めています。昨年研修で日本に短期間滞在しましたが、環境保護と廃棄物処理の分野で日本がとても進んでいることに驚きました。（ルーマニア、政府）

テナンス通信を販売後1年めから必要に応じて購入者に知らせる。

販売した商品については、メーカーの無料保証期間が過ぎても常に有料修理するセクションとして「もったいない課」を設置。そのため、長期にわたる修理用部品保有期間をメーカーにお願いしています。再利用に関しては、使い終わった中古品を買い取り1年間の保証をつけて再度販売する中古店「温故知品」を設けて行っています。

しかし、積極的に独自基準を打ち出すためには、業界や供給業者、消費者にもきちんと情報を伝えていく必要があります。徹底した情報開示政策の一環として、03年度より、通販生活の定期購読者から、カタログに載せてある商品ごとの環境情報（主要部材や添加物、二酸化炭素排出量、生産地など）よりも詳しい環境情報を知りたいという要望があった場合、把握している限りの情報および証明書類をすべて公開することにしました。

たとえば「ホルムアルデヒドの測定試験データと試験方法が知りたい」「食品の農薬データ、使用農薬名、使用回数を知りたい」「工場排水に関する調査書類（あるいは責任者提出書類）を見せてほしい」といった要望をすれば、「洗剤」の成分配合率やプラスチックの添加剤など製品が模倣される心配があるためメーカーから非公開を指定されているデータを除いて、情報を得ることができます。公開できない場合には「なぜ公開できないか」という理由を知ることができます。

同社は年間の環境活動の結果と今後の方向性を示す環境報告書として、毎年「商品憲法」の冊子を発行し、150万部を配付しています。カタログ同様楽しく読める冊子です。「地球につき、取り扱い注意」というユニークな企業思想と、法律に前倒しして実施する独自基準、そして言葉による卓越したコミュニケーション力によって、同社は、「地球資源消費者にインフォメーションする」先駆者となっているのです。

エコタックス―規制を先取りする「市場改革」―西友

スーパーマーケットでは、生活用品から食材、電化製品まで、生活に必要なものはたいてい手に入れることができます。その一方で、大量の商品を大量に売りさばくことによって利益を上げる現在の形態は、市場《しじょう》全体が抱える消費と環境のバランスの課題、あるいは持続可能な消費という課題を象徴する存在でもあります。

スーパーマーケットは、店舗の環境負荷低減、消費者の啓発、環境配慮型商品の販売などの活動により持続可能な社会の構築へ向けての役割を担っていると考えられます。業界5位の大手スーパーチェーンの西友は、環境配慮型商品の開発や環境保全運動に力を注ぎ、一定の成果を上げてきました。しかし小売業界でのグローバル競争が激化する中、環境活動に個別に取り組むだけでは十分ではありません。コスト競争に負けない販売体制で利益を出すとともに、合理的な経営をし、環境規制を遵守するとともに、社員の創意工夫を引き出して環境効率を抜本的に改善するという複数の課題が同時に突きつけられているのです。西友では、ユニークな手法「社内エコタックス」の展開を通じてこれら複数の課題に挑んでいます。

1963年に設立された西友は、日本中に400以上の店舗を展開する小売業です。パートタイムを含めて約3万5000名の従業員（8時間換算）が働いています。「お客様の最も近くにいる小売業界」として、同社は経営者のコミットメントのもと、環境経営に早くから取り組んできました。97年には世界で初めてISO14001のマルチサイト方式一括認証（複数のサイトに対する一括認証）を小売企業として取得するとともに、特に消費者との環境コミュニケーションと環境配慮型自社商品ブランドの開発・販売などに力を注いで実績を上げています。

JFSの知識と経験から、ぜひ多くのことを学びたいと思います。日本はさまざまな場面でリーダー的役割を果たしているのですから。（ヨルダン、企業、男性）

97年に開始した子どもを対象とした環境教育プログラム「エコ・ニコ学習会」は、企業による環境学習の事例として広く知られており、開始後6年間に3万2000人を超える参加者が、店舗や教室などで西友の環境活動を材料に身近な環境活動を学んでいます。92年に立ち上げた独自基準の環境商品ブランド「環境優選」は、2003年度に96アイテムとなり、地球環境の将来を考える消費者から広く支持されています。

02年には米国ウォルマート社と業務提携し出資を受けました。今後は、これまでの環境の取り組みの効果を経営価値としても証明し、経営と環境活動をリンクさせたグローバルな経営方針が推し進められます。

店舗の利便性と地球環境保全をどう両立させるか?――この課題に直面して考案したのが、社内エコタックスの制度です。これは、西友本社がいわば政府のような役割を果たし、各店から環境影響に応じた「企業内環境税」を徴収することで、全従業員一人ひとりの環境意識の向上と創意工夫を促し、環境負荷をスピーディーに効果的に減らしていくことをめざすものです。

店舗での電気・水道・ガスなどのエネルギー使用や廃棄物の発生など、環境への負荷は課税対象となります。一方、環境商品の販売や容器の回収量の増加、エコ・ニコ学習会をはじめとする環境学習会の開催など、環境への貢献は免税ポイントとなります。計算に基づき、店舗ごとに税を徴収します。徴収した税の一部は、戦略的な環境投資や地域貢献など、さらなる環境活動へと還元していきます。

具体的には、個々の項目は二酸化炭素排出量相当に換算して計算されます。それぞれ異なる種類の活動に対する換算係数は、外部アドバイザーの助言を得ながら設定されました。課税対象となる二酸化炭素量から控除対象となる二酸化炭素量を差し引いたものが、各店舗のエコタックス(図2-3)の対象となり、トン当たり5000円が課されます。この額が利益から引かれて本部により自動的に徴収され、環境活動も含めた経営資源として再投資されるのです。

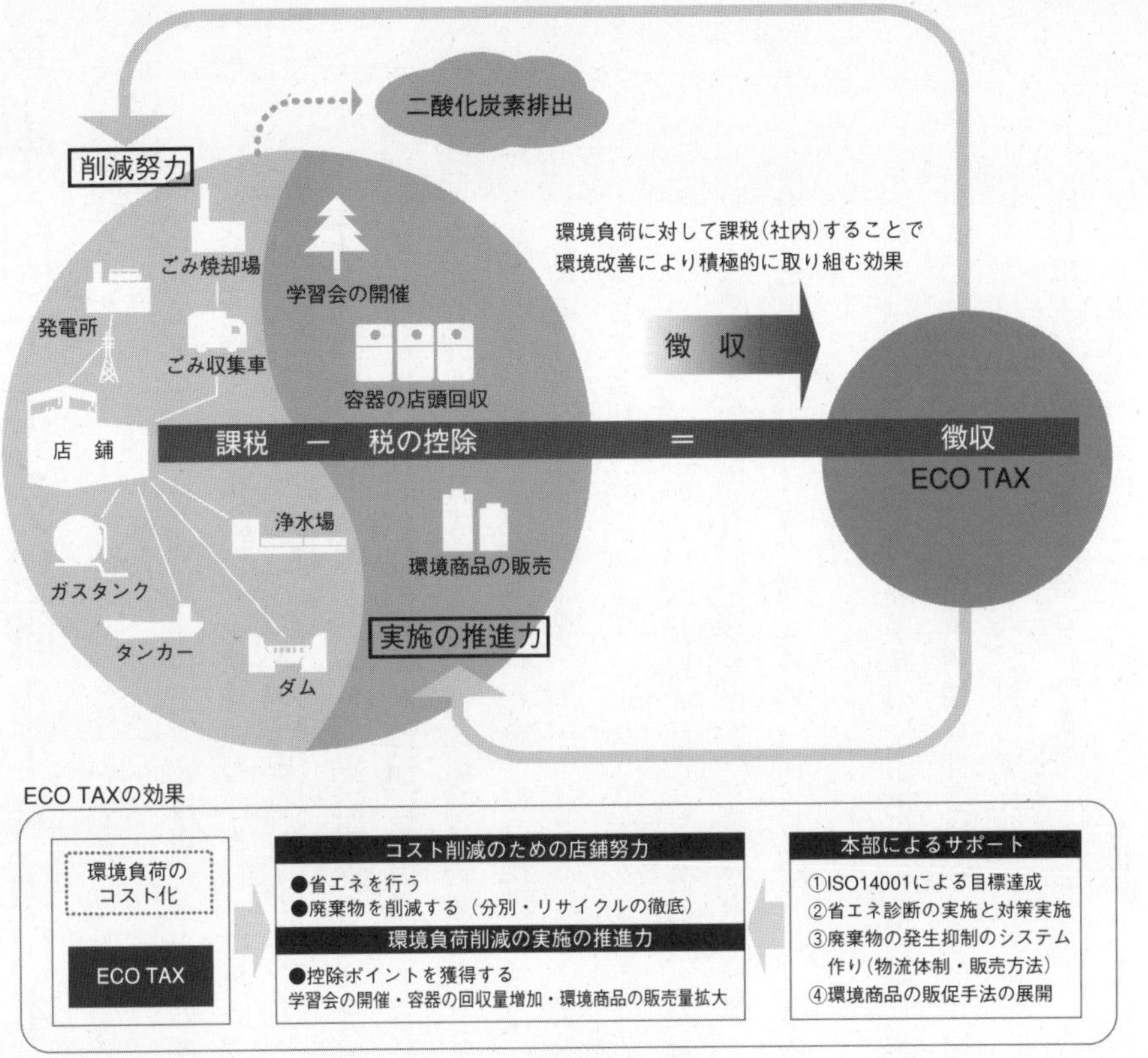

図2-3　エコタックスのしくみ（出典：西友ホームページ）

個々の店舗では徴税額を最小にすべく、さまざまな創意工夫により環境活動効果を最大化しようとします。02年度に算定システムを整えてシミュレーションした結果、徴収総額は約17億円になりました。04年度からいよいよ本格的な実施に向けて活動します。

この取り組みは、来たる規制を先取りしたものでもあります。京都議定書で定める温暖化防止を実現するために、温暖化対策税の導入が国レベルで検討されているほか、東京都も一定の規模以上の事業者には二酸化炭素排出量の上限を設定することも考えています。

消費と環境のバランスをとるための来たるべき市場全体の改革を先取りして、自社という市場の改革を進める――。環境負荷の数値が、営業成績と同じだけの重みを持つ環境経営に向けて西友の挑戦は続きます。

♪ ラジオ局で世界各地の環境番組を制作しています。JFSからの情報のおかげで、日本の環境問題について、番組のリスナーの理解が深まることでしょう。（南アフリカ、マスコミ、男性）

鉄道大国ニッポンの挑戦―JR東日本

現代の都市における移動手段と言えば自動車を思い浮かべますが、日本では鉄道は通勤や買い物を始め日々の生活や移動に欠かせないものとして社会に定着しています。比較的鉄道の発達したイギリスやフランスと比べても、鉄道の利用比率は日本の方が高くなっています。

JR東日本は、日本における旅客鉄道輸送の約3分の1を担っている、世界で最大の旅客鉄道会社です。同社は首都圏の約半分の鉄道輸送を提供しており、東京と本州東半分の都市の間に5つのルートで新幹線を走らせています。従業員数は約7万1000人（単体）で、2002年度の売上げは約2兆5000億円、営業利益は約3400億円です。

JR東日本の営業地域は約5900万人の人口を抱えていますが、そのうちの1600万人が毎日JR東日本を利用しています。1600万人と言えば、東京の人口1200万人を超え、カイロやメキシコシティ、上海といった巨大都市一つ分の人々が毎日利用している計算になります。「輸送人キロ」（輸送したおのおのの旅客にそれぞれの乗車距離キロを乗じた数値）という単位で見てみると、なんと同社だけでイギリス全体の3倍、フランス全体の約2倍、アメリカの13倍の旅客運輸サービスを提供しているのです。

鉄道は、1人を1キロ運ぶ時の使用燃料や電気を二酸化炭素に換算すると、自動車の約10分の1、バスの5分の1ほどで、持続可能な社会における公共輸送システムとして注目を集めています。しかし、1日にこれだけの数の人が利用すれば、エネルギー消費量（二酸化炭素排出量）や廃棄物などの総量は大きな環境への影響となります。

JR東日本が提供するサービスから発生した02年度の年間二酸化炭素排出量は232万トン（10

0万人規模の都市の年間二酸化炭素排出量)、駅や列車で捨てられるごみは5万トン(10万人規模の都市ごみ)に及んでいます。

鉄道そのものは環境にやさしい輸送手段であることに間違いはありませんが、鉄道会社が持続可能な社会に積極的に貢献するために、JR東日本の取り組んでいる活動を見てみましょう。

同社は05年度末までに、総二酸化炭素排出量を1990年度比で20%削減するという目標を掲げ、省エネ車両の導入と供給電力源の環境負荷低減を進めています。消費エネルギーの72%が列車運転用エネルギーであることを考えると、まず走行に必要な電力を減らすことが必要です。そこで、材料を鉄からステンレスに変更したり車体の構造を工夫したりすることで軽量化し、また、ブレーキをかけた時に発生する電力を上手に回収して利用するなど、さまざまな技術を組み合わせた省エネ車両を開発し、導入を進めています。

現在導入している省エネ車両は、消費電力を従来の66~47%まで下げており、02年度末には約1万2000車両の68%(98年は51%)を占めるに至っています。また、より劇的に走行エネルギーを減らすための開発も進めており、2年かけて開発した世界初のハイブリッド鉄道車両NEトレイン(New Energy Train)の走行テストを03年5月より行っています。燃料電池を使用する車両への第1ステップと位置づけ、さらに開発を進めているところです。

二酸化炭素排出量の削減のためには、供給電力源の環境負荷も低減しなければなりません。現在、同社は年間に利用する電気の半分以上を自社の火力発電所(33%)や水力発電所(23%)でまかない、残り44%を電力会社から購入しています。自社発電の運用効率を向上するほか、給電指令を配して全体の発電量や送電網管理を行うことでムダな電力の発生を最小にしています。また、一部の新幹線ホーム屋根などに太陽光発電パネルを導入したり、風力発電を導入したりするなど、自然エネルギーの利用も始めています。

キリバスという太平洋上の国で政府機関に勤務しています。JFSの海洋環境、水産業に関する記事はわれわれにとって大変重要です。持続可能性の情報を待っています。(キリバス、政府、男性)

同社のこうした取り組みは、しっかりと数値に表れています。02年度の二酸化炭素の総排出量は90年に比べて16％削減され、また単位輸送量当たりの列車消費エネルギーは10％低下しました。同社が環境経営指標として掲げる営業利益1億円当たりの二酸化炭素排出量（二酸化炭素トン）も、945トン（90年）から770トン（02年）に改善しています。

鉄道会社にとってもう一つの大きな課題は、利用客が駅や電車に捨てる新聞紙や雑誌、ペットボトル、アルミ缶などのごみです。JR東日本ではこのようなごみが年間約5万トン発生していますが、これは1年間に一般家庭から出るごみの量にして13万人分に匹敵します。同社はこれに対して、05年度にリサイクル率40％の目標を掲げています。

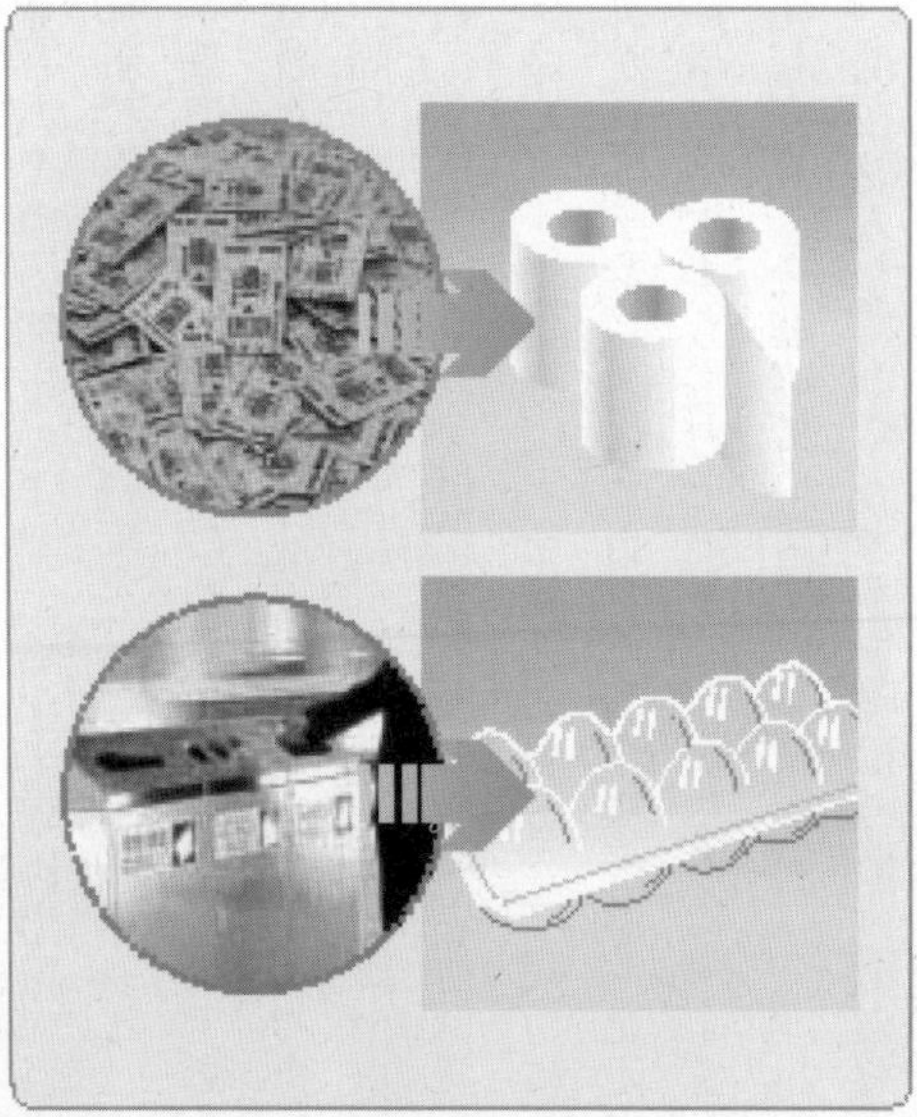

図2-4　ペットボトルと使用済み切符のリサイクル
（出典：JR東日本ホームページ）

首都圏の駅を中心に5分別ごみ箱を設置し、収集後には3か所に設置されたリサイクルセンターで分別・減容したうえで、再生業者に送ります。ペットボトルは卵パックなどへ、新聞・雑誌はコピー用紙にリサイクルされ、同社のオフィスでも使用されています。こうした活動の成果として、駅や列車でのごみ発生量そのものが98年の5・9万トンから02年の5・0万トンへ減り、リサイクル率も37％（98年度31％）に増加しています。05年度の目標である40％に向けて、さらなる活動が期待されています。

使用済み切符もその99・9％が再生され、駅やオフィスで使用するトイレットペーパーや段ボール用紙、社員の名刺として使われています（図2-4）。また、切符や定期券の廃棄物削減につながるチケットレス化をめざして、ICカード「Suica」の普及を進めています。利用者も880万人（04年2月）へと増加し、使用済み定期券の発生量は大幅に減少しています。

毎日1600万人の人々が触れるサービスは、世の中にそう多くありません。同社が持続可能な社会への取り組みを進めれば、巨大都市一つ分の人々に影響を与えることになります。二酸化炭素排出削減、ごみの分別や廃棄物削減をはじめとして、鉄道会社のサービスやインフラは、社会全体が積極的に環境活動を進めていくための一つの大きな舞台となりうるのです。

廃棄物再資源化100%を達成―アサヒビール

アサヒビールは、従業員3995人（2002年12月31日現在）、売上げ高1兆937億7300万円（同年1～12月）の会社で、ビールをはじめとするさまざまな酒類を製造販売している、世界で11番めの規模のビール会社です。

同社は、1998年11月、廃棄物再資源化100%を全工場で達成しました。つまり、生産に伴って排出される廃棄物は、最終処理として埋め立て処分されることなく、すべて再資源化されているのです。

03年度の環境報告書によると、ビール・発泡酒の生産により、年間約37万トンの副産物・廃棄物が発生。そのうち約80%は、仕込工程で発生するモルトフィード（麦芽の殻皮）で、その他、排水処理で発生する汚泥やスクリーンかすが約10%、瓶などのガラス屑類が約7%などとなっています。

消費型社会から、資源を選んで消費・管理する理性的な社会へ移行していく上で、日本は重大な役割を担っていますね。（米国、大学、男性）

モルトフィードは、らんの植え込み材にも再利用
徹底した分別により再資源化100%を達成

図2-5　再資源化100%（出典：アサヒビールホームページ）

同社では、ビールなどの生産物に付随して発生する「モルトフィード」「原料集塵芥」「余剰酵母」を副産物と呼び、すべて資源として再利用しています。生産工程で最も発生量の多いモルトフィードは、主に牛の飼料として再資源化するとともに、その他の有効利用法を研究しています。発酵工程で発生する余剰酵母については、グループ会社のアサヒフードアンドヘルスケアの医薬品や加工食品の原料となり、商品化されています。

興味深い取り組みとして、同社は共同出資で設立したアサヒエコロジーで、モルトフィードを圧縮成形、炭化した新素材である「モルトセラミックス」を培地に使用し、養液栽培した高糖度トマトの販売を始めました。モルトセラミックスは、均質で高純度の炭素を含有する、備長炭並みの硬度を有する、重金属類を一切含まず安全性が高い、大麦由来の豊富なミネラル成分を含有する、水のpH値を強アルカリ性に変えない、といった特性があります。この特性を活かし、洋らん・東洋らん用の植込材「オーキッド・ベース」として販売してきましたが、甘いトマトの栽培にも利用し始めました。

このような「副産物」以外の廃棄物もすべて再資源化されています。汚泥やスクリーンかすは有機肥料やたい肥として、ガラス屑などは新しい瓶の原料や建材などに再生利用されています。こうして、生産工程で発生する副産物・廃棄物のすべてが再資源化されており、埋め立てされる廃棄物はゼロなのです（図2-5）。

同社では、再資源化100％達成のポイントとして、三つの点をあげています。

1　徹底した分別さえ行えば、どんな廃棄物でも再資源化が可能である
　各分別ステーションに担当者を決め、定期的にチェックをし、分別の徹底を行っています。

2　分別も仕事の一つであると全従業員が同じ意識で取り組む
　ごみの分別についての勉強会などを実施し、「自分たちは廃棄物の分別をしているのではなく、資源の分別をしているのだ」という意識を持って取り組んでいます。

3　最終的な処分の実態についてしっかりと確認する
　年1回、すべての再資源化会社の現地視察を実施し、再資源化の実態を確認しています。

このような地道な取り組みを着実に進めることで、地球にできるだけ負担をかけずに、おいしいビールを作っているのです。また、副産物を利用しての新規ビジネスの開発や拡大、そこで培われたノウハウやスキルは、単なるごみ削減の取り組みにとどまらず、長期的な企業戦略としても重要な位置を占めるようになることでしょう。

最小の資源で最大の効果を―リコー・グループ

リコーグループは、複写機やプリンターなどの事務機器・情報機器を中心に、光学機器やデバイス製品などの開発・生産・販売・サービス・リサイクルなどの事業を展開している企業グループです。

♪シエラレオネの環境NGOです。ニュースレター、毎号楽しく読ませていただいています。ぜひリンクしてください。（シエラレオネ、NGO、男性）

1936年に日本で設立され、現在は世界5極（日本、米州、欧州、中国、アジア・パシフィック）で事業を展開し、全世界に7万4000人を超える従業員がいます。

同社は、環境保全と利益創出を同時に実現することを掲げ、実際にそれを行っている数少ない企業の一つです。2002年度のリコーグループの年間売上げ高は1・7兆円、純利益は700億円超で、11期連続の増益を達成。同時に、経営のあらゆる面に環境の視点を取り入れ、事業活動の環境負荷を、地球の再生能力の範囲内にとどめることを最終目標に、たとえば二酸化炭素排出量の90年度比10・5％削減、また国内外のすべての生産系事業所における再資源化率100％（ごみゼロ）を達成するなど、社員全員参加により、事業所の省エネ活動、汚染予防活動、製品のリサイクル活動、省エネ製品づくりなど幅広い分野にわたって環境経営を実現しています。

03年には、こうした活動実績から世界環境センター（WEC）よりWECゴールドメダルを受賞しました。これは、環境活動と持続可能性の発展に寄与する卓越した産業界のリーダーを世界中から毎年1社表彰する制度で、リコーはアジア企業として初めての受賞となります。

リコーの環境経営の基盤にあるのは、最小の資源で最大の効果を生み出す循環型社会を表現した独自のコンセプト「コメットサークル」（図2-6）です。製品作りでのモノの流れとリサイクルの相関関係をユーザーを経由する複数のループで表し、サークルの「内側」のループに行くほど資源が無駄なく循環し、環境負荷が少なくなることを示しています。

たとえば、生産系事業所でのごみゼロ達成は、このサークルにおいてはさらに高いレベルのリサイクル活動への出発点であり、今後はサークルのより「外側」のループ、つまり熱エネルギー回収やケミカルリサイクル、あるいは最終処分業者にわたるオープンループで発生する環境負荷を削減していくことが重要だと考えています。そこで、仕入先やリサイクル事業のパートナーなどと協力し、それぞれのパートナーが発生させる環境負荷が少なくなるように、また、資材の投入を減らしてアウトプ

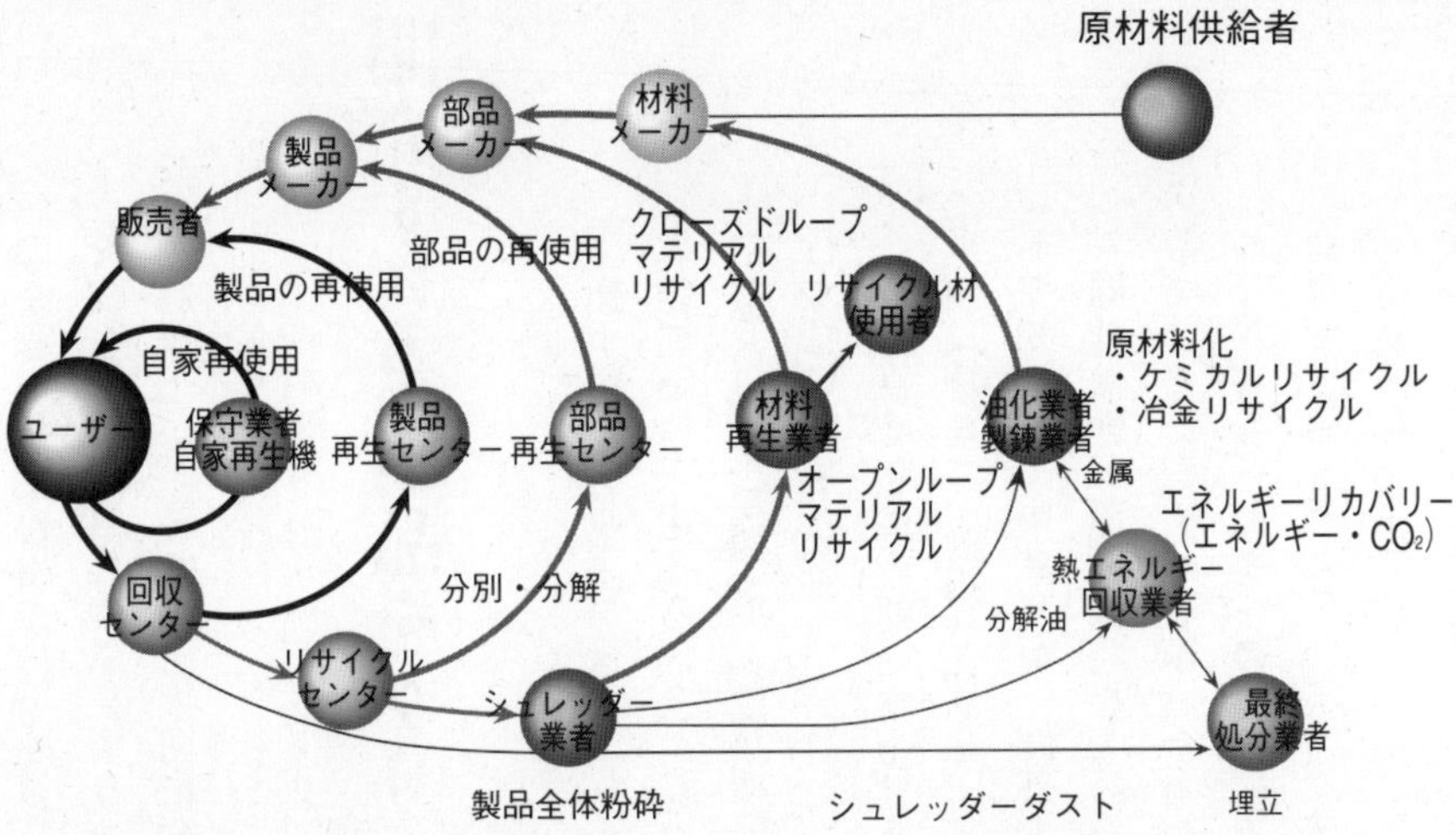

図2-6　循環型社会実現のための「コメットサークル™」　©1994 RICOH

ットそのもの（02年度廃棄物総発生量は日本国内で2万7600トン、日本以外で約1万7200トン）を抑えるように活動を進めています。

日本で先行していた「ごみゼロ」という文化を、地球規模で開花させていることもリコーの環境経営の特徴の一つです。ごみゼロを異なる文化で実現するためには、社員の意識啓発と各地域の独自性尊重が重要なポイントです。

たとえば、多民族国家であり土地が広大な米国では、ごみに対する考え方や文化も日本と大きく異なります。カリフォルニア州では大気汚染の方がより切実な問題ということもあり、当初はなぜ「埋め立てをゼロにする必要があるのか」という抵抗感もありました。

しかし、推進スタッフ全員でごみゼロを達成した工場のツアーを繰り返し行い、「埋め立て地に残された有害物質は子どもや孫に必ず影響を与えることになる」ことを認識させ、再生資源を利用した凧揚げ競技会や分別コンテストなど独自の工夫を徹底して、コスト削減にもつながるさまざまな活動を展開しました。分別用ボックスには、社員のアイデアで社員の子どもたちの写真が貼られ、子どもたちの未来のことを考えて分別をしっかりしようという社員自らの意識が現れています。

メキシコの工場でも同様に活動を進めていますが、壁画には次

♪ 次のニュースレターが楽しみで仕方ありません。本当にいい取り組みですね。イギリスにもこんな活動が必要だと思います！（英国、その他、女性）

のような言葉が書かれ、スタッフに日々インスピレーションを提供しています。「神曰く、緑の自然を愛している。鳥のさえずりを愛している。緑の翡翠《ひすい》を愛している。花の香りを愛している。そして、それ以上に、それらを大切にする人間を愛している」。

開発する全製品をグリーンに――松下電器グループ

松下電器グループは、1918年に創業し、現在は子会社を含めグループ全体で約40か国に約29万人の従業員を抱える総合エレクトロニクスメーカーです。部品から家庭用電子機器、電化製品、FA（工場自動化）機器、情報通信機器、および住宅関連機器などに至るまでの生産、販売、サービスを行っています。

2002年度の連結売上げ高は約7兆4000億円で、売上げの地域別内訳を見ると日本（47%）、米州（19%）、欧州（13%）、アジア／中国ほか（21%）となっています。日本ではNationalのブランドで知られていますが、海外では、グローバルブランドであるPanasonicで知られています。

同社は地球環境問題を、社会的責任の最重要テーマととらえ、環境経営の展開に先駆的役割を果たしてきました。一般家庭からの二酸化炭素排出の割合が増えつつあることを踏まえて、生活の質を高めながらも、環境への影響は限りなく減らしていく「新しい豊かさ」を提供することによって自社が貢献できると考えています。メーカーからの「環境と利便性の両立」の提案です。

製品の全ライフサイクルでの環境負荷低減をはかりつつ、優れた環境配慮型製品の提供とそのコミュニケーションを通して、一企業の枠を超えて持続可能な社会づくりに効果を及ぼそうと積極的な活

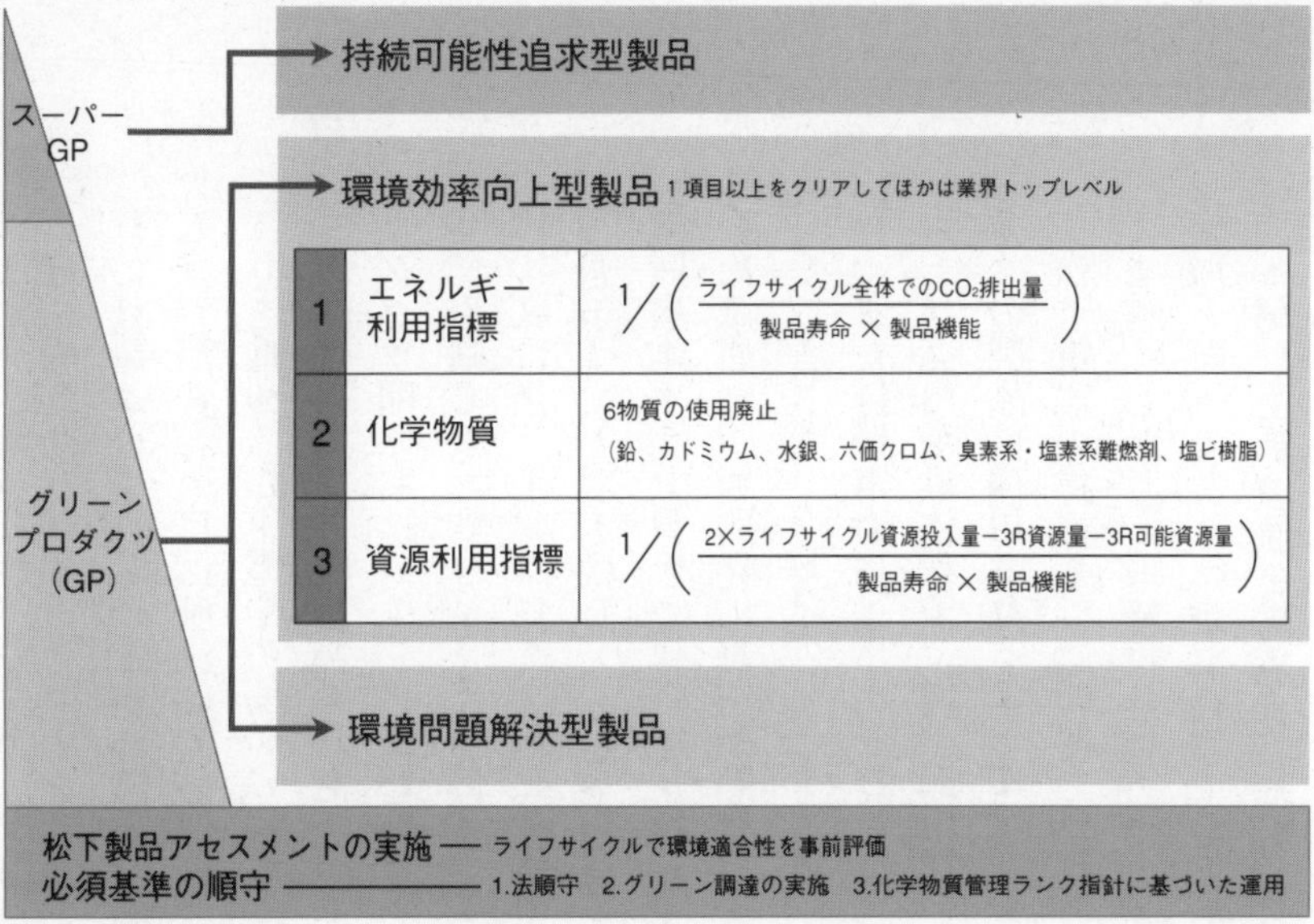

図2-7　グリーンプロダクツ（出典：松下電器ホームページ）

動を展開しています。特に製品に関しては「開発する全製品を環境配慮型製品にする」と、きわめて野心的で明解な目標を掲げています。

そのためにはまず、明解で高水準な環境配慮型製品の基準が必要です。同社では環境配慮設計にもとづいた製品を「グリーンプロダクツ（GP）」と称し、これを二つに分類しています。一つは、エネルギー・資源・化学物質の三つの視点から製品ライフサイクルでの環境への影響を最小化した「環境効率向上型製品」、もう一つは、環境問題を解決する目的を持って開発した「環境問題解決型製品」です。

さらに、グリーンプロダクツの上位概念として「スーパーGP」というカテゴリーがあります。環境効率の飛躍的な進歩に加えて、持続可能な社会の実現に向け大きなトレンドをつくる「持続可能性追求型製品」として社内で認定した製品です（図2-7）。

有害化学物質の使用に関しては、大きなブレークスルーを成し遂げました。03年3月末をもって、世界中で製造・販売している約1万2000機種に及ぶPanasonicおよびNationalの全製品に、有害性が問われている鉛を使用しない「鉛フリーはんだ」の導入を完了したのです。

電気製品の最も基本的なしくみは、部品と部品をつなぎ

日本の環境への取り組みについて英語で情報提供してくれてありがとう。公的機関や政府、地方自治体の失敗例も教えてもらえると役立つと思います。（英国、研究機関、男性）

合わせ、それらに電気を通してさまざまな機能を実現することです。そのつなぎ合わせるための物質には、約5000年もの歴史をもつと言われる「はんだ」を使用しています。これまでは、このはんだには鉛が含まれることが必然と考えられてきました。その中で、鉛フリーはんだの開発と全面的導入は、消費者の目に触れにくい部分においても、有害物質をできるだけ使用しないクリーンなモノづくりを進める松下電器の姿勢の現れと言えます。

02年度に開発した製品のうち、583機種が「環境効率向上型製品」として認定され、グリーンプロダクツ開発率は41％（目標28％）となりました。これらの製品の環境配慮の内容は、新聞やテレビCMを通じてわかりやすく一般の消費者へ伝えられ、取り組みが広く認知されました。次なる目標は、10年度にグリーンプロダクツを全体の90％に拡大することです。

03年「スーパーGP」として初めて2製品が認定されました。『Theノンフロン冷蔵庫』と『待機時省エネIPD』です。ノンフロン冷蔵庫は、冷媒、断熱材にまったくフロンガスを使用していない冷蔵庫で、新開発の真空断熱材によって省エネルギー性を飛躍的に高めます。冷蔵庫市場において「ノンフロン」というトレンドを創ったという点で、持続可能な社会への波及効果があると考えました。また待機電力省エネIPDとは、機器の待機時消費電力を自動的に制御して大幅に削減するスイッチング用半導体素子です。汎用性の高いこの機器は、目立たない小さな部品であるにもかかわらず、多くの製品に採用されることで、社会全体の省エネルギーに大きく貢献できると期待されています。

松下電器の掲げる、「開発する全製品を環境配慮型製品に」という目標は、一見野心的な挑戦に思えます。しかし、取締役社長の中村邦夫氏は、03年環境経営報告書の緒言で、（1）環境問題は企業倫理と同一であり、企業経営そのものであること、（2）環境問題に対して透明性を高めて取り組むことが、企業倫理を高める原動力となること、（3）社員が生き生きと、自らの仕事に誇りを感じ、正々堂々と事業活動を営むことによって、持続的に発展しうる企業となると述べています。一見野心的にも思える目標は、同社が21世紀型の企業としてさらに飛躍するために不可欠なテーマであると考えているのです。

働き方から変えていく——人材派遣会社グレイス

日本人の雇用形態と働き方は変貌を遂げつつあります。企業のアウトソーシングが進む中、労働市場ではパートやアルバイトなど非正社員の割合が急増（2001年総務省調査によると全労働人口の4人に1人が非正社員）し、また派遣社員数も同様に拡大しています。一般派遣社員数は、1995年の54万人から2000年の125万人へと、5年間で約2・3倍（厚生労働省調査）に増加しています。

この変化の根底には、過去10年の不況の間に大企業の終身雇用制度が崩壊し、人材が流動化したという外部的変化があります。しかしそれ以上に、自らの働き方を変えようという人々の内部的変化が影響していることも見逃すことはできません。たとえば若い人の間で企業依存度が薄れ、会社を働くインフラの一つとみる傾向が広くみられます。さらに、元気な団塊の世代が数年のうちに定年退職を迎える中、雇用形態と働き方はますます多様化することが予測されています。

95年に誕生した株式会社グレイスは、このような人材派遣業の成長の中で、環境をキーワードに人材派遣・育成を行いつつ、新しい働き方を提唱している企業です。同業他社に比べ圧倒的に多くの環境関連の有資格者、研究者、専門家を含む約5000名の派遣登録者を抱え、18名の従業員で03年3月期には約10億円を売り上げています。

論点が絞られていてとても質の高いニュースレターですね。ウェブサイトも素晴らしい！　日本は、何光年も米国の先を行っていますね。（米国、企業、男性）

設立の95年当時から、環境系の人材派遣を展開していましたが、当時そのような需要は限られていました。しかし96年に研究開発職の人材派遣が解禁され、環境に関連した研究開発職の人材派遣が増えたほか、企業が消極的に環境規制に対応する「環境対応」から、積極的に環境を事業機会として取り組み情報発信する「環境戦略」へと移っていく中で、環境系の人材派遣需要は99年から2000年頃に大きく伸び始めました。

この時期の企業活動を具体的に見てみると、企業のISO14001の登録件数は、140件(96年)から、1000件(98年)、5075件(2000年)、さらに1万952件(02年)と急増しています。また、活動のコミュニケーションとして環境報告書を発行する企業数も、100以下(98年)から、400超(2000年)、さらに700弱(02年)へと急増しています。そしてこの流れと期を一にして、グレイスの環境系派遣社員への需要は増加し、99年には一般系事務職の需要を上回り、03年には980件の派遣件数のうち、7割弱を環境系が占めるようになりました。

その環境系の内訳も変化しています。当初はほとんどが環境分析関連業務(環境計量士、環境測定士など)でしたが、今は研究開発そのものに携わる食品・医薬品の分析技術者、バイオ研究者が主流になってきています。また環境系には理系出身者が圧倒的に多かったのが、現在は環境マネジメント、環境の知識が必要とされる翻訳業務、環境知識の求められる営業、環境ISO審査員などに広がりを見せています。

ただ自社の紙・ごみ・電気の使用量を減らすだけではなく、人材派遣業が持続可能な社会に向けてできることは何なのか?　当時3000名以上いた登録スタッフを啓発することができれば、大企業の環境経営と同じだけの効果を生み出すことができるのではないか。そう考えた同社は、99年に人材派遣業者として初めてISO14001を取得し、環境への取り組みにさらに本腰を入れることになります。

同社では、派遣先での仕事において積極的に環境に取り組むよう、登録者に同社の環境方針を説明し、登録者に、文系・理系の垣根を越える継続的な学習・スキルアップの場を提供しています。「エコナレッジセミナー」では、研究者や技術者などの理系登録者には環境マネジメントシステム（EMS）やビジネスを、編集者やコンサルタントなどの文系登録者には化学の知識・スキルを学んでもらう機会を提供しています。これまでに、大学の医学部と協働による「環境と医学・健康の講座」や「環境・ビジネススキルアップ講座」を開催しました。またこうした活動の報告をまとめたニュースレターを、毎月の給与明細の送付時に合わせて送っています。

図2-8　「環境就職」が若者に人気だ（出典：グレイスホームページ）

安井悦子代表は、これから求められる人材像について、「現在の環境問題のひろがりは、専門部署だけが環境対応を行っていればそれで事足りるわけではない。営業から人事、経理、企画など、あらゆる分野で環境問題のエッセンスに対する理解が求められており、企業の環境対応には、規制への対応を始め、エコ商品の開発、環境ソリューション技術の開発など専門性の高い領域から、グリーン購入やごみの減量、ステークホルダー（利害関係者）への対応など、現場レベルで行わなくてはならないことも多数存在している。取引先の環境対応をチェックするにも最低限の環境に対する知識が必要である」と述べています。専務取締役の小川二美代氏と、企業と人材をマッチさせる役割を担うマッチング・ディレクターの青木和哉氏も、今、市場でそのような人材が求められていることを現場で感じていると言います。たとえば、広報と環境の両方を知っている人材。

JFSはずっと先を歩いていて、アメリカの単眼的な見方と違う視点で世界を見ることができていますね。ニュースレターの記事をポルトガル語で転載させて下さい。（ブラジル、マスコミ、男性）

または、商品開発ができ、物質の人体への影響も理解できる人材。あるいは、環境分析ができるだけでなく、商品開発、営業、そしてコピーライティングもできる人材。あるいは、シックハウス症候群などの生物学的知識を備えたハウジングアドバイザーなどです。

同社は03年から「グリーン雇用」という概念を提唱しています。ここには「環境」以外の要素も入っており、あえて定義するなら「持続可能な社会に向けて生き生きと楽しく働く雇用・働き方」――人も企業も元気になり、社会も持続可能になるような働き方のことです。

持続可能な社会は、技術や社会システムがつくる以上に、人がつくり、支え、発展させるものです。人材派遣におけるグレイスの先進的な取り組みは、私たちの働き方を持続可能な社会に則したものにすることの重要さを教えてくれます。

さまざまな啓発ツールで温暖化に歯止めを―東京電力

約4万人の社員を抱える東京電力は、東京を含む関東地域の約4300万人に電力を供給している日本最大の電力会社です。火力、原子力、水力、地熱、自然エネルギーからの発電により、日本の電力供給量の約3分の1を供給し、全体として1億740万トンの二酸化炭素を排出しています。

販売電力量当たりの二酸化炭素排出量はキロワット時当たり0・381キロで、水力発電比率の高いカナダ（キロワット時当たり0・21キロ）や原子力発電比率の高いフランス（キロワット時当たり0・07キロ）には及ばないものの、他の先進国（米国0・59、ドイツ0・50、イギリス0・44）と比べて低いレベルとなっています。現在同社は、二酸化炭素排出原単位（販売電力量当たりの二酸化炭素排出量）を2010年までに1990年度比20％減にする目標を掲げています。

このように自社の操業から排出される二酸化炭素を減らす取り組みと同時に、東京電力では一般家庭での省エネを促進するユニークな取り組みも行っています。02年8月から、電気ご使用量のお知らせ（検針票）や同社のホームページ「暮らしのCO_2ダイエット」を使って、家庭でできる地球温暖化対策についての情報提供を開始したのです。一般家庭に日々の暮らしの中でどれだけ二酸化炭素が排出されているかを知ってもらい、省エネルギーや二酸化炭素排出削減に積極的に参加してもらうことが目的です。

検針票の裏面に、電気、ガス、灯油、ガソリンなどの単位当たりの二酸化炭素排出量を表記し、各家庭で毎月のエネルギー使用量から二酸化炭素排出量が計算できるようになっています。ホームページ上の「CO_2家計簿」（図2-9）では、その月に使用した電気、ガス、灯油、ガソリンなどの量を打ち込むと自動的に二酸化炭素排出量が計算されます。東京電力の社員が03年の1～4月にこのCO_2家計簿に取り組んだ結果、1世帯当たり平均して月3％程度の二酸化炭素を削減できました（世帯平均3・34人）。

ホームページには、二酸化炭素排出削減のために暮らしの中で身近にできる行動を提案する「エコスタイルエッセンス」や家庭の努力による二酸化炭素削減量と節約費が表示される「エコスタイルプランニング」のページもあり、家庭にとってより直接気になること、つまり経済的なメリットについても計算ができます。

「エコスタイルプランニング」には、冷蔵庫、コンロ、電子レンジ、電気炊飯器、エアコン、自動車などのさまざまな項目について、具体的に取り組めるアイデアが示されています。自分のライフスタイルを見直し、今日から1年間続けられると思う項目やすでに取り組んでいる項目など該当するものにチェックをしていくと、1年間または1か月の二酸化炭素排出の削減量だけでなく、どれだけのお

燃料電池の記事に「二酸化炭素を発生させない」とありましたが、これは再生可能エネルギーを使った場合だけです。むしろエネルギー効率のよさがそのメリットです。（米国、NGO、男性）

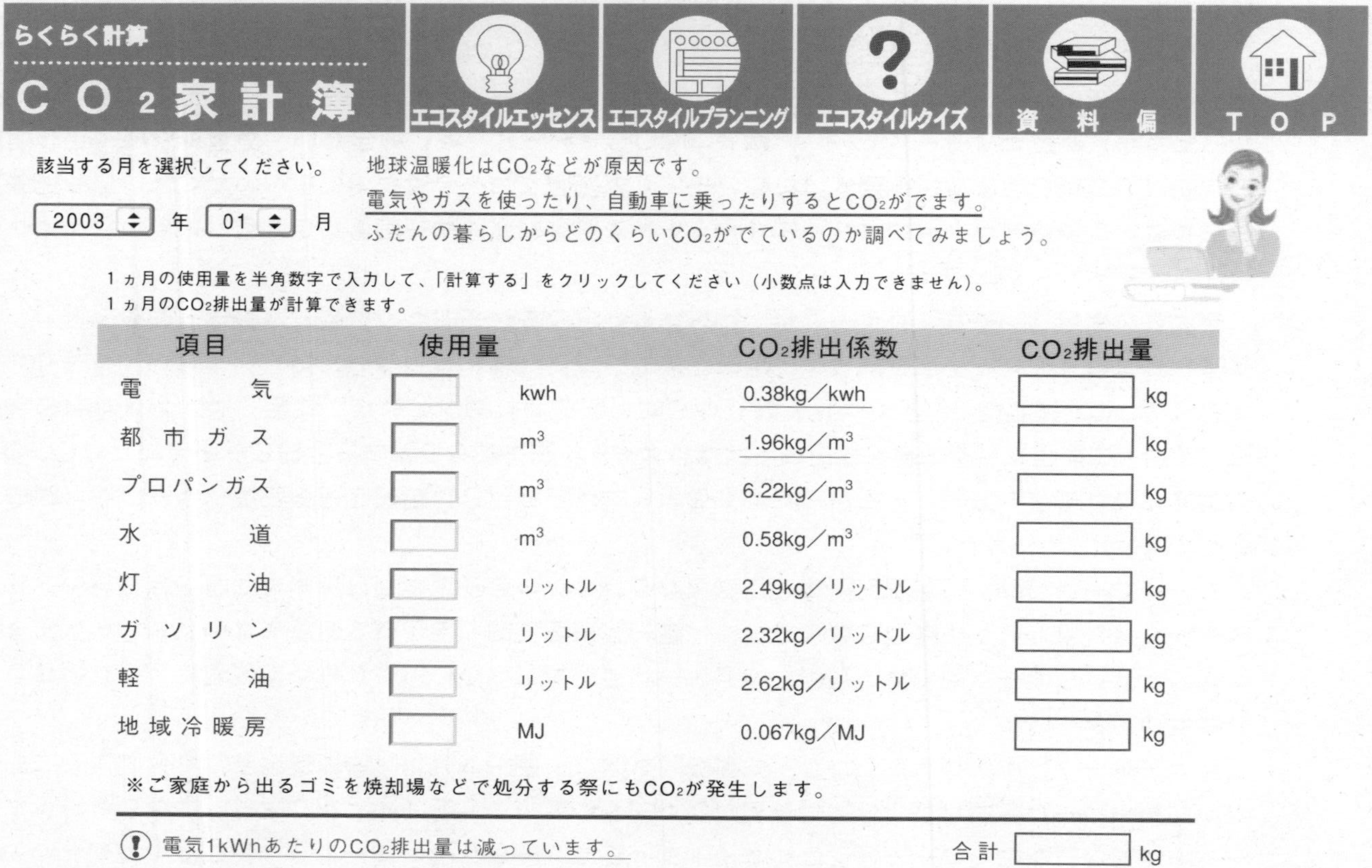

らくらく計算

CO_2家計簿

エコスタイルエッセンス　エコスタイルプランニング　エコスタイルクイズ　資料偏　TOP

該当する月を選択してください。

2003 年 01 月

地球温暖化はCO_2などが原因です。
電気やガスを使ったり、自動車に乗ったりするとCO_2がでます。
ふだんの暮らしからどのくらいCO_2がでているのか調べてみましょう。

1ヵ月の使用量を半角数字で入力して、「計算する」をクリックしてください（小数点は入力できません）。
1ヵ月のCO_2排出量が計算できます。

項目	使用量		CO_2排出係数	CO_2排出量	
電気		kwh	0.38kg／kwh		kg
都市ガス		m^3	1.96kg／m^3		kg
プロパンガス		m^3	6.22kg／m^3		kg
水道		m^3	0.58kg／m^3		kg
灯油		リットル	2.49kg／リットル		kg
ガソリン		リットル	2.32kg／リットル		kg
軽油		リットル	2.62kg／リットル		kg
地域冷暖房		MJ	0.067kg／MJ		kg

※ご家庭から出るゴミを焼却場などで処分する際にもCO_2が発生します。

! 電気1kWhあたりのCO_2排出量は減っています。　　合計 kg

図2-9　暮らしのCO_2ダイエット（出典：東京電力ホームページ）

金の節約になるかを計算してくれます。最後には、次のようなメッセージが示されます。

「あなたの家庭では、すでに取り組んでいるエコスタイル行動で1年間に21キロの二酸化炭素を削減（1460円節約）していることになります。また、新たに取り組む行動で1年間に1515キロの二酸化炭素を削減（9万1000円節約）できることになります。これらを合わせると、樹木419本が1年間で吸収する二酸化炭素の量とほぼ同じです。また、日本の全家庭があなたの家庭と同様の取り組みをすると、1年間で約7375・2万トンの二酸化炭素を削減できることになり、これは1990年の日本の二酸化炭素排出量の約6・6％に当たります」

このようなメッセージを読むと、二酸化炭素排出量を90年に比べて10％減らすこともやってできないことではないと感じられるのです。


JFSの情報を読むと、環境を守るためにもっと行動しようという気になります。米国政府にも、日本のように環境問題に積極的に取り組んでほしいと思います。（米国、その他、男性）

COLUMN

世界に発信するコツ

あるシンポジウムでこのように発言したことがあります。

「現在、多くの企業が環境報告書の英語版を作って、海外の人々にも自分たちの考えや活動を伝えようとしています。でも、お金や時間をかけている割には、あまり効果的なコミュニケーションになっていない例も多いようです。どうしてでしょうか？

たとえば、肉、ジャガイモ、タマネギがあったとします。これで肉じゃがを作れます。現在の多くの英語版環境報告書は、肉じゃがを作ってから、それにブイヨンでも溶かして、なんとか洋風に仕立てようとしているのです。

そうではなくて、肉、ジャガイモ、タマネギを使って、日本人向けには肉じゃがを作るとしても、同じ材料で最初からポトフを作ることだってできるでしょう？　経営層の環境活動への決意や思い、実際の取り組みやデータ、その他の材料を、まず日本食にしてから洋風にするのではなく、同じ材料で最初から海外向けを作ることができるでしょう？　食べてほしい海外の人にとっては、その方が食べやすくおいしく、身にもなるのではないでしょうか」

何であれ「発信」するためには、「相手」と「内容」があり、それに合わせた「伝え方」が必要です。私たちの発信の「相手」は、「環境問題に関心のある世界の人々」です。現在のところ私たちは、最も多くの人に伝えられる「英語」を使って発信しています。

ただ、肉じゃがとポトフの例のように、「縦（書き）の情報を横（書き）にする」だけでは通じません。日本人なら一口でパクリと食べられる情報も、細かく刻んだり味をつけ直す必要があります。たとえば、記事に地名が出てくる場合、日本人なら聞いただけでイメージが浮かぶでしょうけれど、日本のことをあまり知らない海外の人にはピンと来ません。日本人同士なら暗黙のうちに共有しているのでいちいち伝える必要のない「文脈」を、海外に発信する際には付け加えるよう、気をつけています。

とはいっても、カンペキにはできません。発信の相手にしても「海外の人」とひとくくりにできるわけではなく、日本や環境問題に関する知識や思いもさまざまです。ですから、できるだけ「相手に聞きながら」発信しています。書籍と違って、ウェブやメールでのコミュニケーションは、分量に制限がありません。「足りなかった」と気がつけば、あとで追加すればいいのです。「これもほしい」と言われたら、可能な範囲で対応します。

そして、私たちがたくさんの記事やニュースレターを通じて、いちばん伝えたいのは「思い」です。不思議なことに、たとえ情報が不完全でも、英語が完璧でなくても、「思い」は伝わるのですね！「これを伝えたい」という熱い思いがあれば、あとは試行錯誤の工夫次第で世界とコミュニケーションできる、という一つの例がＪＦＳなのです。

COLUMN

「海外の環境報告書を読む会」

２００３年の１～２月に、法人会員限定で海外の環境／持続可能性報告書を読む勉強会を３回開催しました。

英語版環境報告書の目的が、海外への発信だとしたら、受け入れ側の海外では、どのような報告書が出されているのか、どのような報告書が高く評価されているのかをまず知る必要があります。読み手の状況も知らずに英語版を作ることは、こちらの思い込みだけが空回りし、発信しているつもりになっていることにならないか……？

海外には数十もの環境報告書の表彰制度があります。「読む会」では、まずその中でよく知られたものを紹介し、表彰の基準や選出理由、コメントなどを解説しました。これだけでも、海外で重視される切り口や項目がわかります。その上で、進んだ取り組みで知られている3社の報告書を取り上げ、その構成や切り口、読み手の設定、企業トップのコメントの内容や位置づけ、文章の調子や作成上の工夫、会社にとって出したくない情報の出し方などについて、ＪＦＳスタッフが講師役となって、読み解きました。

取り上げた海外の報告書はいずれも、作成の目的がはっきりしています。ですから、トーンも作り方も各社各様で、「顔の見える報告書」になっています。日本の報告書は、まじめにガイドラインの項目を網羅しようとするあまり「わが社らしさ」が伝わりにくい場合が多いので、この点でもとても参考になったと思います。

この会が「これまで海外の環境報告書をこのようにきちんと読んだことはなかった。とても参考になった」と好評だったため、一般向けにも「英文持続可能性報告書セミナー」を開催し、約２００人の参加者に、私たちが取り上げた3社から学んだエッセンスをお伝えしました。

海外の事例から、国内の環境・持続可能性報告書作成のヒントや効果的な環境コミュニケーションの道筋が見えてくる……そんなセミナーになり、うれしく思いました。今後も、「日本と世界をつなぐ場」として、情報や知恵や思いをつないでいきたいと思っています。

今いる場所から世界を変えよう

元気な自治体・NGO

3

地域の住民として、あるいは組織の一員として、足もとから住みよい地球を作ろうとがんばっている人々。地方自治体とNGOは、今、日本でもっとも元気な環境プレーヤー。新たなうねりを次々と生み出しています

「雨水を利用しよう！」
High Moon

食糧もエネルギーも地産地消—菜の花エコ・プロジェクト

日本ではよく天ぷらや揚げ物を食べます。日本で使われている植物油は、菜種油が約40％、大豆油が約30％、パーム油が約15％で、その他コーン油、こめ油、ゴマ油、ヤシ油、べに花油、オリーブ油など、13～14種類もあります。

日本全体で、2001年には約250万トンの植物油を使っています。その半分強はマーガリンやマヨネーズ、ドレッシングなどの形で消費し、外食などの業務用で使用されるのが約28％。家庭の台所で使う植物油が約20％ですから、1人当たり年間に4キロほどの植物油を家庭で消費している計算になります。かつて日本は、国内で使う植物油（主に菜種油）はすべて自国で生産していました。しかし、1960年代前半の油脂原料の輸入自由化や政府の農業政策のために、生産量は激減し、どこにも広がっていた菜の花畑は姿を消し、現在の国産の菜種生産量の統計は、少なすぎて数えられないという「1000トン未満」です。植物油の自給率は4％にすぎません。

国内で消費される年間約250万トンの食用油のうち、約45万トンが廃油になります。そのうち家庭から出る廃食油が約20万トンです。1人平均1・5キロの廃食油を毎年出している計算です。大量に出る業務系の廃食油は回収しやすいので、回収ルートが確立されていて、ほとんどが回収され、家畜用の飼料、塗料や燃料などにリサイクルされています。その一方、家庭からの回収は1トンほどにすぎないと言われています。

かつては、流しから廃食油をそのまま流す人が多かったのですが、廃食油200ミリリットルを流しから川へ流した場合、魚が住める水質に戻すためには、浴槽（330リットル）132杯分の水が必要だと言われるほど、水質汚染につながってしまいます。現在では、廃食油は新聞紙や凝固剤に吸わせてごみとして焼却する家庭が多く、せっけんにリサイクルする運動も広がっています。

また、「同じ油なのだから、自動車用の燃料にリサイクルしよう」という取り組みも広がってきました。たとえば、東京の染谷商店や滋賀の油藤商事、東北エコシステムズ、石橋石油では、廃食油を回収して、プラントでバイオディーゼルに変換して、自社で使ったり、販売をしています。バイオディーゼルは、硫黄酸化物はゼロ、黒鉛も通常のディーゼル燃料の3分の1以下の大気にも健康にもやさしい燃料です。今走っているディーゼル車にそのまま使うことができます。ハンバーグレストランの「びっくりドンキー」では、廃食油をバイオディーゼルにして、自社の配送車の燃料として使っています。

廃食油を自動車用燃料として使うことができれば、川も汚さず、ごみにもならず、大気汚染物質も減らし、その分海外からディーゼル用の油の輸入を減らすことができ、エネルギー自給率を少しでも上げることができます（日本のエネルギー自給率は約20％、自動車用燃料はすべて中東など外国に頼っています）。

そして、食用油そのものから地域で生産をして、食用油↓廃食油↓回収↓燃料のリサイクルの輪を回している地域も増えています。このようなプロジェクトは「菜の花エコ・プロジェクト」（図3-1）と呼ばれています。

滋賀県では、愛東町や八日市、今津、新旭などいくつかの自治体で、廃食油をバイオディーゼルにし、公用車などに使っているほか、菜種の栽培も広がりつつあります。この菜の花エコ・プロジェクトは今では全国に広がっています。03年4月に広島県大朝町で開かれた第3回菜の花サミットには、北は函館から南は屋久島まで、全国から46のプロジェクトが参加しました。

琵琶湖にはバイオディーゼルで走る「湖上タクシー」があります。小学5年生が乗る琵琶湖の環境学習船にも、バイオディーゼルを使っています。京都市や香川県善通寺市でも廃食油から作ったバイ

今回のニュースレター、第一級だったよ。特に交通分野に関する情報がとても有益だった。（レスター・ブラウン、アースポリシー研究所所長・JFS理事）

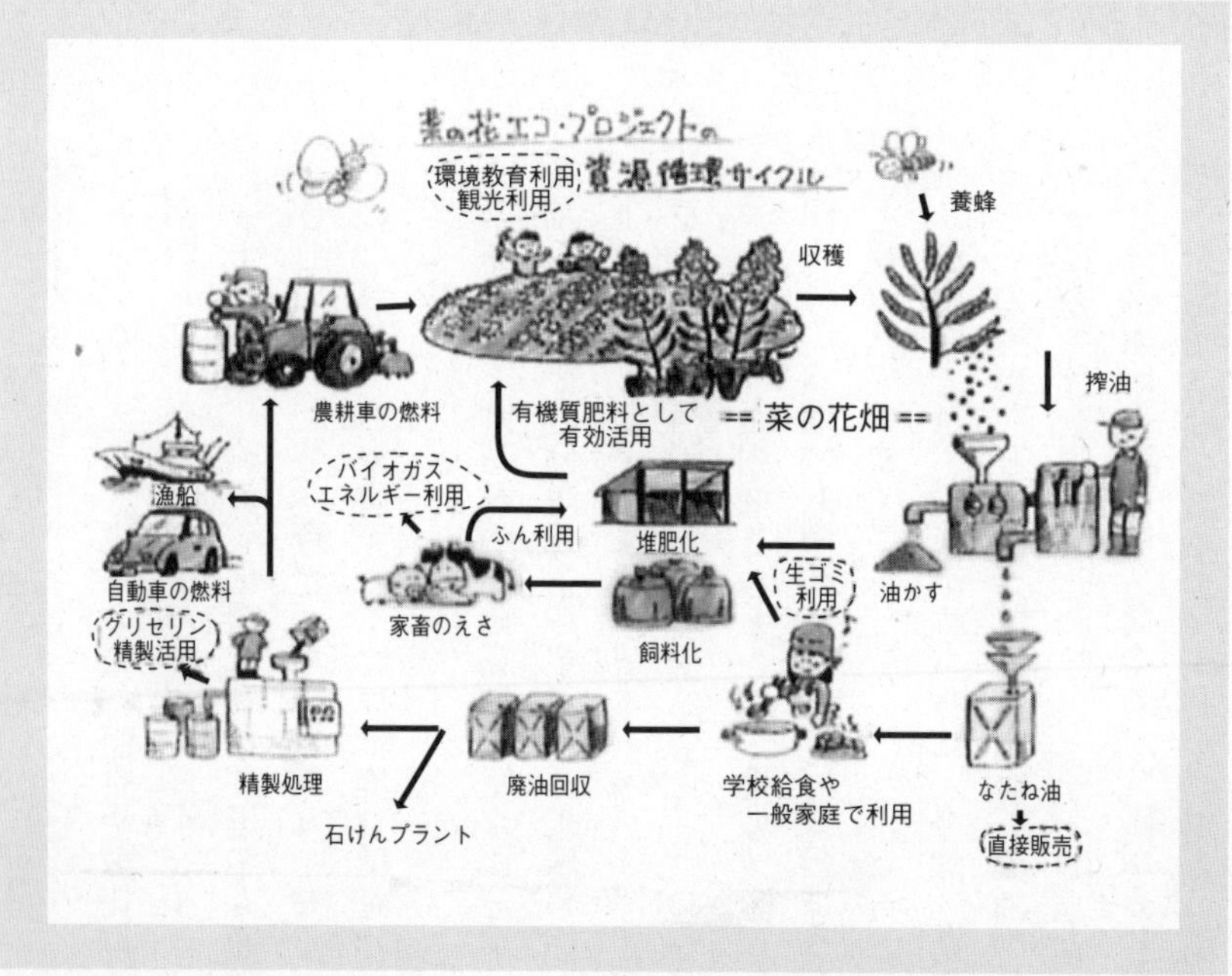

図3-1　菜の花エコ・プロジェクト（出典：滋賀県環境生活協同組合）

オ燃料でごみ収集車や市バスが走っています。静岡県トラック協会は、バイオ燃料を自分たちで使っていきたいと調査研究を進めているそうです。

日本でいっそうバイオディーゼルを促進するためには、税金（軽油税）の対処や規格、法整備を進める必要があります。02年7月には、菜の花のバイオマスエネルギーなどに着目し、これからの日本社会のあり方、地域社会の姿を模索し、調査・研究を進め、政策提言などを行うための「菜の花議員連盟（仮称）」が設立されました。

たとえわずかであっても食糧自給率アップにもエネルギー自給率アップにもつながりますし、「地域での小さな循環」を実現していく大きな可能性を有している取り組みです。地域おこしや環境学習、市民・行政・企業のコラボレーションの場としても、「菜の花エコ・プロジェクト」は今熱い注目を集めています。

食べ残しから排泄物まで徹底リサイクル！——宮崎県綾町

清流綾北川と綾南川に挟まれた扇状地と、北西に広がる照葉樹の自然林からなる総面積９５２１ヘクタールの町、宮崎県綾町。森と清流の美しい自然があり、宮崎市内から車でわずか40分という身近さから「宮崎の奥座敷」とも言われ、日本の自然百選、森林浴の森百選にも選定されています。また、これほどの面積で残っているのは日本でもここだけ、という素晴らしい照葉樹林があります。町の80％は森林で、中心地から3キロ以内に約７６００人の人口の80％が住んでいます。（図3-2）

綾町は、農業従事者の多い町ですが、町という小さな単位で「農作物」→「生ごみ」→「堆肥」→「農作物」と、栄養素を循環している珍しい町です。農家では昔から、自家の生ごみから堆肥を作っていましたし、昔から地元の養豚業者が飼料用に家庭からの生ごみを回収していたそうです。このような背景もあって、１９７３年に、町の収集車で生ごみを回収し、豚の飼料にする「生ごみリサイクル」のしくみができました。今では、年間５００トンほどの生ごみを一般家庭や食堂などの商店から回収して、町営の堆肥生産施設に運び込んでいます。近くの農家から出る牛糞を加えて発酵槽に送り、堆肥を作ります。これを1トン３０００円（化学肥料の10～15分の1の値段）で町の農家に販売しています。農家はこの堆肥で作った農作物を町の人などに販売しています。

図3-2　宮崎県綾町

綾町では「農業が自立するには、生産者と消費者が一体になるべきだ」と、時代を先行すること約15年、88年に「綾町自然生態系農業の推進に関する条例」を制定しました。そし

THE NIKKEI WEEKLYの記事でJFSのことを知りました。日本では全国各地で環境問題への取り組みが行われています。海外への情報発信は、とてもいいアイディアですね！（米国、企業、男性）

て、町で独自の認証基準を定め、堆肥生産施設を設け、農家が直接消費者に販売できるセンターを作り、この条例を形にしました。センターの野菜コーナーの壁には、認証された農家の名前と番号が貼り出されており、野菜の袋に打ってある番号を見ると、だれが作った野菜か、すぐにわかります。農家は誇りを持って農作物を作り、消費者は安心して食べられるしくみです。

また、綾町では、江戸時代の日本のように、人間の排泄物も回収し、液肥にして、土に戻していきます。食べ残しも排泄物も、同じように循環しています。生ごみを堆肥化して域内の農家で使う地域の試みは何か所かで進められていますが、排泄物も回収して循環する取り組みは、日本でも珍しいものです。

綾町の照葉樹林は、日本文化のルーツとも言われ、それはそれは美しく素晴らしいものです。ところが、九州電力がこの地に原子力発電所を支えるための揚水発電所からの高圧送電線鉄塔を建てることを決め、２００３年に入ってその工事を始めました。まず機材搬入のための林道をつくるのでしょう。綾の照葉樹林とそれが守ってきた生態系が傷つくことを多くの人々が恐れていますが、工事は止まるきざしはありません。

一方、照葉樹林を守ろうという住民が中心となって、「綾の森を世界遺産にしよう」という運動が展開され、短期間に遺産登録推薦を求める約14万人の署名が集まりました。まもなく家庭用の燃料電池などの新しい時代のエネルギーが実用化し、遠方で大規模発電をする原子力発電所も、その夜間電力を活かすための揚水発電所も不要になる日がくることでしょう。その時に、日本人のルーツとも言われる素晴らしい照葉樹林が無傷のまま残っていてほしいと心から願っています。

雨水利用で渇水にも洪水にも強いまちづくり——東京都墨田区ほか

日本では都市化が進んでおり、特に、国土のわずか3・5％の面積である東京圏に人口の約26％が集中しています。人口が集中すれば、それだけ水の使用量が増えます。東京では約150キロ離れたダムから水を引いて、水需要をまかなっています。

一方、都市化が進むと、道路や建物、駐車場などで、地面がアスファルトやコンクリートで固められ、雨が降っても地下に浸透しなくなります。河川もコンクリート三面張りの「海へ水を流す導管」にすぎなくなっています。このため、集中豪雨のたびに、下水が逆流したり、中小河川が氾濫するなど、全国で都市型洪水が発生するようになりました。地下街に流れ込んだ水で溺死する人が出るなど、大きな問題となっています。

都市に降る雨はそのまま速やかに海に流し、都市で使う水は遠くのダムから引いてくる。豪雨があると都市型洪水が起こる。日本の多くの都市が、雨を使わない、雨に弱い都市になってしまいました。たとえば、東京都に年間に降る雨は25億トンと言われます。東京都民が1年間に使う水の量は約20億トン。東京には水道で使われるより量よりはるかに多い雨が降っているのですが、下水道から直ちに海へ流されています。1994年に東京が渇水で大騒ぎだった時に、当の東京では土砂降りで洪水が起きていたという笑うに笑えない実話もあります。また、阪神・淡路大震災などをきっかけに、防災の観点からも「水の確保」は注目されるようになりました。

日本では10年ほど前から、水道水の代替水源、都市型洪水防止、震災などの非常時水源などを目的として、雨水利用を進める動きが広がっています。2002年度版の「日本の水資源」によると、全国934の施設で、水洗トイレ用水などとして雨水が利用されています。特に地方自治体で、雨水利

JFSは素晴らしい記事を書いていますね。JFSの活動に触れることができて、とてもうれしく思います。（米国、企業、男性）

用を積極的に進めるところが増えています。

たとえば、高知県庁では、01年に本庁舎で使わなくなった浄化槽や冷房用の蓄熱槽を雨水貯留槽（330トン）として再利用する工事をしました。屋上に降る雨水と近くの湧水を用いることで、1日40トン使う本館の水洗トイレの水のほぼ90％をまかなえるようになりました。工事に約1500万円かかりましたが、水道料金が減ったため、5年で投資回収できます。日本の雨水利用を進める自治体のネットワーク、「雨水利用自治体担当者連絡会」には、100を超える自治体が参加しており、雨水タンクに助成する自治体は30を超えています。

雨水利用を進める自治体の先陣を切って進めているのが、東京都墨田区です。墨田区にある両国国技館は、のべ面積3万5700平方メートル、地下2階、地上3階の建造物です。この屋根に降った雨は地下の1000トンのタンクに貯まり、トイレや冷房用の水の大部分をまかなっています。いざという時には、防災用の飲み水として使うことができます。

このほか、墨田区役所をはじめ、区内では26の公共施設に雨水利用システムが入っています。また、3～10トン規模の地下タンクを埋め、手押しポンプで汲み出して、ふだんは草木の水やりに、非常時には消火用水や飲料水に使える、「路地尊」と呼んでいる地域雨水利用システムがこの地域に9基あります。

墨田区では、また、95年には「墨田区の雨水利用の施策体系」を策定し、今後墨田区の新しい施設は雨水利用の設定を原則とすることにしました。また、民間でも「ミニダム」を増やそうと、雨水利用設置への助成金制度を作り、小規模貯留槽を中心に、これまで160件以上に助成しています。01年には「雨水利用事業者の会」が発足。雨水利用に取り組む建築士などと連携しながら、良質で安価な雨水利用製品の開発に取り組んでいます。

墨田区は94年に雨水利用東京国際会議を開催し、その後も国際的な活動を広げています。たとえば、

02年3月には、墨田区は、国連環境計画国際環境技術センターと、「雨水利用を進める全国市民の会」と協働で、雨水利用の政策および技術移転に関するブックレットを作りました。国連機関を通じて世界中に配布されています。

01年には、廃校となった小学校の校舎を利用して、世界初の「雨水資料館」を開設しました。墨田区および雨水利用事業者の会とともに、この開設の原動力となった「雨水利用を進める全国市民の会」では、「雨水資料館」は情報の拠点の第一歩であり、国際雨水センターをめざして取り組みを強化していきたいと考えています。

民が官を動かし大きな広がりへ――オフィス町内会

日本には、とてもユニークな体制や組織を持ち、独自の効果的な活動を展開しているNGOがいくつもあります。その一つ、1991年8月に発足した「オフィス町内会」は、東京のオフィス街を中心に、古紙の共同回収に取り組んでいる環境NGOです。

90年、東京電力の本店内で、ゴミの減量化と資源化を目的として、古紙の分別回収が始まりました。オフィスでの取り組みとしてははじめてのものでした。半年ほどの試みで、回収量やコスト面で実績が上がり、次の展開を考え始めました。この時、のちのオフィス町内会の代表となる東京電力社員の半谷栄寿氏は、東京23区内に点在する約50か所の東京電力関連の事業所をネットワークし、古紙の分別回収を広げることを考えました。しかし、交通渋滞や運送費などのコスト面でもむずかしいことがシミュレーションから明らかになりました。

♪ 米英が戦争に邁進している今、明るいニュースが届くと心が温まります。持続可能な生活様式を無視した米国の態度には嫌気がさします。日本こそがリーダーです。(米国、その他、男性)

「それなら、企業間の枠を取り払い、近隣のオフィス街で共通の回収車を巡回させれば分別回収の輪が拡大する……」。オフィス町内会は、こんな発想の転換から生まれた、オフィス街の企業のネットワークからなる環境NGOなのです。その後、既存の古紙回収会社との連携を築き、約30の事業所から試験運用が始まりました。2003年3月末には1064事業所が参加し、毎月約965トンの古紙を回収して資源化するまでに、活動を広げてきました。（図3-3）

オフィス町内会の成功要因に、「三つの経済性」があります。

（1）会員企業が負担する費用はゴミ処理の負担よりも軽い

オフィス町内会の会員企業が位置する東京都では、オフィス古紙を廃棄物として処理すると、標準で1キロ当たり28・5円の処理費用がかかります。これに対して、オフィス町内会の共同回収のしくみを利用すると、平均負担額は1キロ当たり18・5円ですみます。1キロ当たり10円以上もコストダウンがはかれるのです。

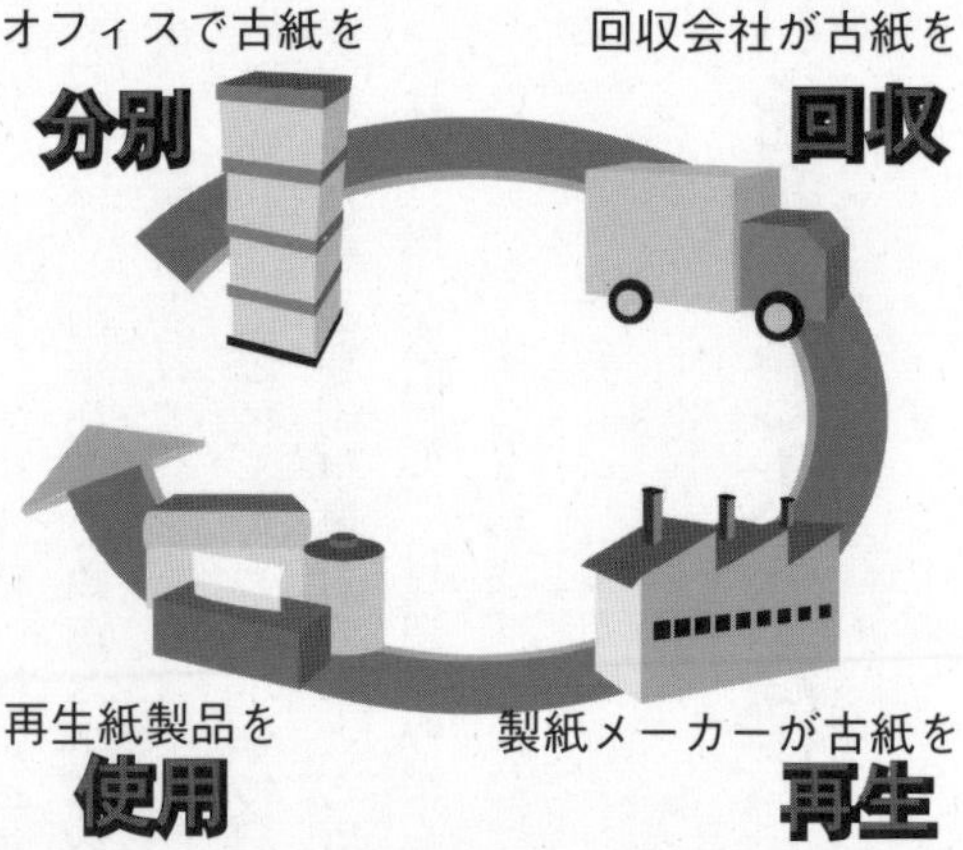

図3-3　オフィス町内会のリサイクルの流れ
（出典：オフィス町内会ホームページ）

（2）回収会社は古紙相場が低迷しても回収経費を確保できる

古紙回収会社は、通常は古紙の相場によって利益が変動します。相場が低迷していると、回収にかかる経費さえ回収できないこともあるのですが、オフィス町内会のしくみでは、企業側が回収費用を負担するので、相場に左右されずに事業を続けることができます。

（3）事務局は独立採算のもとで主体的な活動を展開できる

企業側が負担する回収費用の中に、オフィス町内会を運営する事務局の経費が含まれています。このことによって、事務局は独立採算性を確立することができます。

オフィス町内会は、運営を始めて以来、ずっと黒字経営を続けています。また、会員企業にとっては、03年度決算ベースの試算で、全体の年間回収量約9200トンで9200万円以上のコスト削減がうまれています。「どんなによいことでも『経済性』が成り立たなければ、しくみとして定着はしない。どんな活動でも、『経済性』が見えなければ、モラルに訴えるだけの一過性の活動に終わってしまう」という信念を持ち、経済性を確保して、ウィン―ウィン（敗者がいない）しくみ作りを通して、賛同と参加を広げています。

オフィス町内会の活動は、東京電力という一企業の社員が中心となって始めた動きであり、そのNGO活動を企業が支援しているという点でも、日本でもユニークなNGOとなっています。96年に東京電力のトップマネジメントにおいて、オフィス町内会に対する「ゆるやかなサポート」が改めて確認されました。東京電力の社会貢献活動ではあるが、社内の論理や慣行で運営するのではなく、あくまで会員の立場に立って、オフィス町内会ができるだけ自由な活動を続けられるように、その主体性を大切にしていこうという配慮が「ゆるやかなサポート」という表現に込められています。東京電力の社内では環境部がオフィス町内会に対する社内のサポート組織となっており、オフィス町内会の事務局に人材を継続して派遣するなど、自主的な活動を支援しています。

オフィス町内会は、共同回収の取り組みとして始まりましたが、古紙を集めるだけに終わるのではなく、集めた古紙を再利用すること、つまり再生紙を使用すること、しかもこれを経済システムとして社会に定着させていくことが古紙のリサイクルを完結する上で必要だと認識しました。分別回収のシステム化と再生紙の使用拡大は、古紙リサイクルの車の両輪なのです。オフィス町内会は、分別回収の活動を進める中で再生紙の使用拡大の重要性を強く実感し、そのためには「紙の白さ」を問い直

いつもニュースレターを読むたびに、自分のコミュニティで自分にできることがもっとある！　と刺激を受けています。どうもありがとう。（米国、その他、男性）

すことが必要だと、次のステージの活動を始めました。
オフィス町内会では、コピー用紙に注目し、白色度70％の再生紙こそが多くのメリットを持つ、「適度な白さ」であることを訴求することにしました。従来の天然パルプ100％や、天然パルプ100％と同じ白さを保った再生紙（白色度80％）に比べ、製造コストも安価で、新聞古紙が使えます。また、漂白剤等の薬品使用量も減らせるからです。コピー用紙に新しい「物差し」を導入することによって、再生用紙の利用拡大に結びつけようと考えたのです。

97年から99年にかけて、日本全国で「白色度70シンポジウム」を開催。自治体に対して「白色度70」再生コピー用紙の使用拡大を訴えました。まず共鳴したのが東京都です。東京都が96年10月に策定した再生品利用ガイドラインに「白色度70」再生コピー用紙が位置づけられました。98年には、環境省が推奨リストのガイドラインに「白色度70」の再生コピー用紙を明記したほか、メディアでも取り上げられ、再生紙の使用拡大が推進されました。2000年に成立したグリーン購入法でも「白色度70」が明記されています。

オフィス町内会の活動は、東京23区から全国に波及し、企業、回収会社、ボランティアグループ、自治体などの皆さんが中心となって、それぞれの地域の特性に沿った「オフィス町内会」が広がっています。東京多摩、横浜みなとみらい21、浦和、上尾、水戸、土浦、前橋、沼田、宇都宮、千葉、木更津、袖ヶ浦、東扇島、身延などの関東圏はもとより、札幌、仙台、山形、福島、福島浜通り、新潟、北九州、大分、延岡など、北海道から九州に至っています。

これまでの活動で、大企業ではほぼ「白色度70」の再生コピー用紙を利用するようになってきました。今後は、中小企業や一般の人々にどのように「適度な白さ」を訴え、再生紙の使用拡大につなげていくか、地道なオフィス街での回収作業と並行して、ますます活動の広がりが期待されています。
一企業の社員が、分別回収を進めたいと地域の事業所のネットワークを築き始め、会社からの支援を得、多くの企業の参加を得ながら、活動を拡大してきました。日本の紙の使用パターンを変えようという戦略を持って、オフィス町内会は実際に地方自治体や政府をも動かしてきたのです。最後に、企業の一社員として、この活動を立ち上げ、ここまで育ててきたオフィス町内会の半谷代表の言葉を紹介します。「新しいことをやろうとする時は、やり過ぎるくらいがちょうどよい」。

それぞれの強みを持ち寄り平和に貢献――人道目的の地雷除去支援の会

人道目的の地雷除去支援の会（ＪＡＨＤＳ）は、各分野で最先端の企業がそれぞれの本業の技術やノウハウを持ち寄って、地雷除去のための活動を展開しているユニークな団体です。１９９２年、国連平和維持活動局の初代地雷除去責任者パトリック・ブラグデン氏がジオ・サーチの冨田洋氏を訪問しました。路面下の空洞探査を本業とするジオ・サーチに、「その技術を地雷の探知に活かせないか？」と協力を求めたのです。冨田氏は97年10月に、探知機の開発に協力してくれた企業とともに試作機をカンボジアに持ち込みましたが、実際の地雷原の惨状を目の当たりにして、地雷除去支援は個人や一企業では解決できない問題であると気がつきました。帰国後、当時、セコムの会長であった飯田亮氏をはじめ、多くの人々の協力を得て、98年3月に任意団体として設立されたのがＪＡＨＤＳです。

ＪＡＨＤＳの要請で支援企業が最初に取り組んだのは、ブラグデン氏の要請を受けジオ・サーチ社が着手していた、地中レーダー式地雷探知機の開発支援です。材質にとらわれず地中に埋設されたものを可視化する探知機のことで、「マイン・アイ」と名づけられました。

JFSが記事で取り上げた省エネルギー、低公害型の発光ダイオード照明灯に興味を持ちました。マニトバ州政府に提案したいので、詳しい情報を教えてください。（カナダ、研究機関、男性）

現在、世界の地雷被災地で最も広く地雷除去に使われているのは、金属探知機です。しかし、金属製ではなく、磁性部分の非常に少ないプラスチック製の地雷が増えています。紛争地域には、砲弾の破片や鉄屑も多く埋まっており、そのため全ての金属に反応してしまう金属探知機では地雷発見に多くの時間と労力がかかります。こうした問題を解決するために、地中のものを目に見えるようにする「有効な目」としてマイン・アイの開発に取り組んだのです。

マイン・アイは地中に埋められた地雷の形状や深さなどの情報を、電波レーダーによって液晶画面に可視化することができる最新技術です。開発に当たっては、基本コンセプトをジオ・サーチ、センサー部分をオムロン、コンピュータ部分を日本IBM、液晶をシャープが担当しました。開発から8年かけ、2002年にはタイでマイン・アイ導入プロジェクトを実施。当初の適用条件である、平坦な地表面、そして金属探知機では過反応してしまうラテライト土壌において探知性能を証明し、導入を要請したタイ地雷除去センターから高い評価を得ました。一方で、水分を多く含んだ土壌や地表面に凹凸がある場所で使用する場合には、さらに改良が必要であることも判明したため、現在、ジオ・サーチ社が探知性能向上を目指し、アンテナ開発とフィールドテストを継続しています。

このほか、トヨタが車両の提供、ホンダがバイクや発電機・ポンプなどの提供、日本郵船が資機材の無償輸送やコンテナを寄贈し、活動を支援しています。また、森ビルがオフィススペースを、日本サムソンが液晶モニタを、東京電力・コクヨがオフィス什器、オムロンがプリンター、パーティションを無償提供しているほか、多くの企業が広報その他で協力しています。

04年1月、日本のNGOとして初めて自ら計画・実施運営した「サドック コック トム寺院地雷除去プロジェクト」を完了しました。この日タイ協働事業は、タイ・カンボジア国境付近のクメール遺跡サドック コック トム寺院敷地周辺の残留地雷を浄化し、訪問者の安全確保とともに地雷の危険で中断を余儀なくされていた遺跡の修復を促進して、歴史的文化遺産を観光資源化し、地域経済の活性化を目的として着手されました。事業化調査開始から1年9か月にわたり実施したこのプロジェクトでは、田畑が地雷に汚染されたため失業中の農民を訓練・育成し、寺院とその周辺40万平方メートルの土地の地雷を取り除きました。被爆への恐怖から人々を遠ざけていた境内は昔日の賑わいを取り戻し、そこに憩う地元の人々の明るい声と笑顔も見られます。入口付近には食べ物や土産を売る店も軒を連ねるようになりました。安全復活を知って各地からの観光客も増え、地域経済活性化への寄与も確かな兆しを見せ始めています。「地雷が除去されても、そこに人々の生活が再現されなければ真の地域再生にはならない」。JAHDSにとって地雷除去は手段であり、目的は地域の復興です。

国連、国際機関、NGOや被災地の人々と連携しながら地雷除去活動を支援しているJAHDSの活動には、このように多くの企業・団体・個人が参加しています。世界でも類をみない新しいNGO／NPOのかたちとして各国政府や国際機関からも注目されています。JAHDSには、各界から多彩な人々が理事および役員として参加しています。また、活動資金の寄付だけではなく、多くの企業が、技術・製品・サービス・ネットワークといった本業を活かした支援をしていることが大きな特徴です。

また、持続性のある活動をしていくためには、しっかりとした組織と体制、そして、実務経験に裏づけられたマネジメントスキルを有する人材が必要です。JAHDSには企業からの有限出向者も職員として勤務しています。さらに地雷除去という特殊活動には専門知識と経験を有する人材が不可欠ですが、この分野の専門家は日本にはおりません。現在、国際的に著名な地雷除去のエキスパートである英国人と南アフリカ人もJAHDSに参画しています。JAHDSのポリシーは「オープンドア」。国籍や官・民を問わず、さまざまな人たちが被災国の復興を加速化するために参集（alliance）する——JAHDSのめざす新しい組織のかたちは、日本発の素晴らしいモデルです。

最後に、対人地雷禁止条約と日本について、少し紹介しておきます。96年10月5日、対人地雷の使

イタリアで雑誌記者をしており、「いいニュース」欄を担当しています。この欄で、掛川市のスローライフ宣言について取り上げたいと思います。（イタリア、マスコミ）

用、貯蔵、生産と移譲の禁止、廃棄に関する「対人地雷禁止条約（オタワ条約）」が発効しました。01年の調査によると、対人地雷を生産しているのは、エジプト、イラン、イラク、中国、北朝鮮、ミャンマー、インド、韓国、パキスタン、シンガポール、ベトナム、キューバ、アメリカ、ロシア、ネパールの15か国です。

日本は97年12月3日に「対人地雷禁止条約」条約に署名し、98年9月30日に批准、99年3月31日、全製造施設を閉鎖しました。03年2月8日には、日本で最後の対人地雷が爆破処理されました。日本は被災国に対してもさまざまな援助を行っています。「犠牲者ゼロ」の目標の下、官民ともに力を合わせて地雷問題に取り組み、98年から02年の5年間に総額約100億円の支援を行い、世界25の被埋設国・地域における地雷対策活動を支援しました。さらに、日本の国連地雷対策信託基金への拠出累計額は、03年7月末現在約2330万米ドルで世界一の拠出額となっています。

経営トップが汗を流し、NGOと対話——環境を考える経済人の会21

1997年1月に設立された「環境を考える経済人の会21」（B-LIFE21）は、産業界を代表する経営者で結成している経済人の環境NGOです。「持続可能な経済を構築するためには、経済活動の中心を占める企業が真っ先に変わる必要があります。とりわけヒト、モノ、カネに余裕のある大企業が先兵にならなければなりません。企業が変わるためには、企業トップが変わることが大切です」と訴えるB-LIFE21は、環境に関心を抱く経済人が自由意思で参加している非政府組織です。

現在、安西邦夫東京ガス代表取締役会長、飯田亮セコム取締役最高顧問、岡部敬一郎コスモ石油代表取締役会長兼社長、小林陽太郎富士ゼロックス代表取締役会長、豊田章一郎トヨタ自動車取締役名誉会長、福地茂雄アサヒビール代表取締役会長、松田昌士東日本旅客鉄道取締役会長など、17人が参加しています。

設立者であり事務局長でもある三橋規宏氏は、日本経済新聞社で論説委員を務めていた時代、95年元旦から合計31回に及ぶ連載社説「環境の世紀への提案」のデスクを担当し、環境経営の重要性を強調し、産業界に大きな影響を与えました。国連大学が提唱したゼロエミッション運動を日本で大きく推進した功労者の1人でもあります。

B-LIFE21の目的は二つあります。一つは、環境NGOとの対話促進です。多くの企業が、利潤の追求をその目的としています。戦後企業は、企業益を求めて事業を拡大させることで、国民生活の向上に貢献してきました。しかし地球の限界に直面した21世紀には、地球益という視点が重要になってきます。地球益とは、地球の利益、つまり自然環境をこれ以上悪化させず、破壊から守っていくことを優先しようとする考え方です。

多くの環境NGOやNPOの考え方、行動原理は、地球益を出発点にしています。これからの企業経営に当たっては、企業益の中に地球益を反映させていくことが大切であり、そのためには経済人が進んで環境NGOと対話し、学んでいく姿勢が必要だと考えています。

この目的のもと、環境NGO代表を招いてのシンポジウムや、環境NGO代表者をゲストに迎えての月次朝食会などを開催しています。環境NGOからの情報や率直な意見・提案に、経営者が耳を傾け、お互いに議論をするほか、企業とNGOとのコラボレーションのきっかけづくりの場ともなっています。

もう一つの目的は、「環境のために自ら汗を流す」ことです。経済人の目的は企業益の追求にありますが、地球の限界に直面した今、1年のうちの何日か、何時間かは環境のことを考え、環境のため

ハワイをなんとか持続可能な島にしたいと努力している私たちにとって、日本の取り組みについての情報が大量に得られるJFSのサイトには、学ぶことがとても多いです。(米国、NGO、女性)

に汗を流すことが必要です。そうすることによって、環境問題が抱える多面的な問題を肌身で感じ、環境のために何ができるかを考え、経営の中に必要な対策を取り組んでいくきっかけになるからです。

このために、B-LIFE21では、大学に寄付講座を設け、経済人を講師とする授業を行っています。B-LIFE21のメンバーを中心とする経済人が直接教壇に立ち（メンバーは代理を立てることは許されず、どんなに多忙でも自分で教壇に立ちます）、企業の環境対策、問題点、将来への抱負などを語ります。これによって、学生は企業の環境マインドを知り、社会人になってからもその企業の行動を見つめる生き証人になります。一方、企業もトップが語りかけた環境への取り組みを後退させることはできません。環境経営に一段とはずみがつきます。

これまで、慶應義塾大学湘南藤沢キャンパス（98年度通年、99年度秋学期）、立命館大学衣笠キャンパス（2000年度秋学期）、早稲田大学西早稲田キャンパス（02年度通年）、千葉商科大学国府台キャンパス（03年度秋学期）で開設しています。寄付講座の内容は、ホームページに掲載して広く活用してもらうほか、『地球環境と日本経済』『地球環境と企業経営』（東洋経済新報社）として出版されています。前書は英文版も出版されました。

日本では、これまでの社会制度その他の影響で、NGOの活動は欧米ほど盛んではありません。日本最大の環境NGOと言われる「日本野鳥の会」でも会員数は5万5000人ほどで、何十万人の会員を抱え、資金的にも潤沢でさまざまな影響力を行使して活動する欧米のような大規模NGOはありません。それでも、これまでの社会・経済のしくみが抱える問題が目に付くようになってきた頃から、NGOの数も増えてきましたし、活動も増大してきました。今後は、欧米のNGOのように、会議で政府や産業界と同等の立場で扱われ、社会に対する影響力をもっと持つようになるでしょう。

B-LIFE21は、産業界の大多数がNGOをまだ過小評価していた頃から、NGOと経営者の対話や、経営者と学生との直接対話の場を設営するなど、独自の実践活動を続けてきました。日本の産業界のリーダーたちが、環境ＮＧＯと膝を交えて議論し、学生たちに熱く語りかける――日本のトップ企業の経営者が個人として参加し、活動しているユニークな環境ＮＧＯなのです。

2年間でごみを23％削減―愛知県名古屋市

日本では、近年、環境問題にさまざまな分野・レベルで取り組む県や市町村が増えています。現在日本には47都道府県３２３３市町村がありますが、環境マネジメントシステムの国際規格であるＩＳＯ１４００１の認証を取得している地方自治体は５０３件（２００３年12月末現在）です。中央官庁で認証取得しているのは、環境省だけです。

また、日本の36自治体（03年12月15日現在）が、自治体のための国際環境機関である国際環境自治体協議会（ＩＣＬＥＩ）に参加しているほか、自治体環境政策の推進や環境に関する情報ネットワークづくりのための環境自治体会議に74自治体（03年10月6日現在）が参加するなど、自治体間のネットワークも広がっています。

そして、多くの自治体が我こそは「環境立県」「環境首都」だと宣言をしています。「環境問題に力を入れている」ことが、住民に対しても、ほかの自治体に対しても、国に対してもアピール力を持つということが、現在の日本の「環境問題への意識の広がり」を示しています（10年前には「環境首都だ！」とアピールしているところはそれほどなかったでしょうから）。

ここで、日本の地方自治体について少し説明しましょう。日本の地方行政は、都道府県、市町村の

♪ 明治維新は前進だったのだろうか、それとも大きな誤りだったのか、どちらだと思う？　日本は、社会全体が合意すれば急速に変化を遂げられると証明できるいい例だね。（米国、その他、男性）

２層の組織になっています。このうち、市町村を基礎的自治体と呼んでおり、家庭ごみの収集その他の環境や福祉に関わる事柄は基礎的自治体の仕事です。人口１００万以上を抱える12の市が「政令指定都市」に指定され、都道府県並の権限が与えられています。名古屋市は、基礎的自治体でありながら、都道府県並みの権限を有しているという背景を活かして、強力に取り組みを進めてきました。

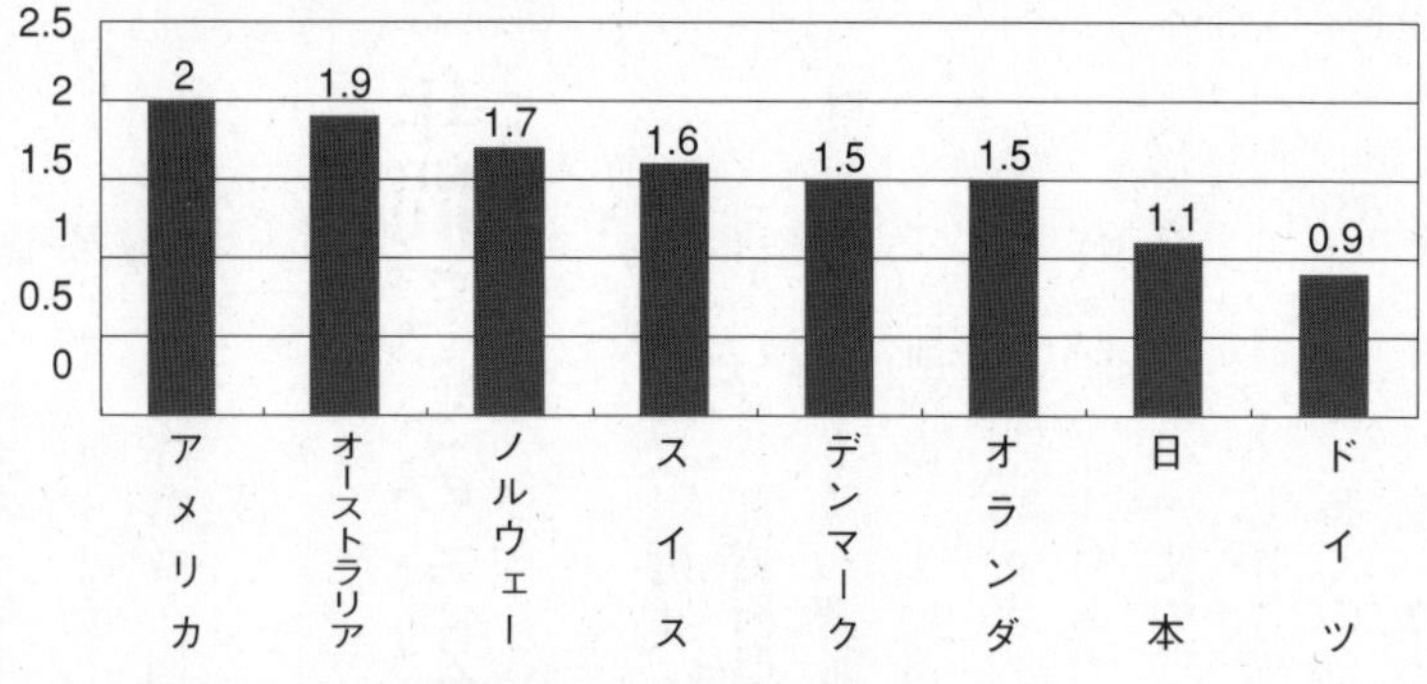

図3-4　１日１人当たりの一般廃棄物処理量（単位＝キログラム）
（出典：総務省「世界の統計2003」より作成）

私たちは、１人１日当たり、どのくらいのごみを出しているでしょうか？　世界のいくつかの国の数字がグラフに載っています。日本の１・１キロは、相対的には少なめのようです。（図3-4）

約２１８万人の人口を抱える名古屋市は、１９９８年には１人１日当たり１２５１グラムと、日本平均を上回っていました。市全体では１０２万トンのごみを出し、うち28万トンが埋め立てられていたのですが、２０００年には、１人１日当たり９５５グラム、全体で79万トン、埋め立ては15万トンと、２年間でごみの発生量を23％減らし、埋め立て量をほぼ半分にしたのです。01年にはさらに減らし、１人１日当たり９１６グラムとなっています。

これほど規模の大きな都市で、これほど劇的なごみ減量はあまり例がありません。何がきっかけだったのでしょうか？　どのような施策や取り組みが効いたのでしょうか？

名古屋市には、廃棄物の最終処分場に適した場所が少なく、隣の岐阜県の多治見市に埋め立て処分場を設けていました。ところが、80年〜98年に約60％もごみの発生量が増加したため、その寿命があと2年ほどとなって

図3-5　藤前干潟

しまいました。そのため、20年も前から次の埋め立て処分場として検討していたのは、藤前干潟でした。（図3-5）

　ところが、藤前干潟は、全国でも有数のシギやチドリの飛来地であり、埋め立てるのではなく保全すべきだという世論が高まりました。松原名古屋市長は、99年1月に、「快適で清潔な市民生活の確保」と「自然環境の保全」の両立について熟慮に熟慮を重ねた結果、藤前干潟への埋め立て処分場建設を断念すると発表しました。

　そして翌月「ごみ非常事態宣言」を出しました。なぜなら、埋め立て場の建設を断念しても、ごみはどんどん出るからです。2年間でごみを20％、20万トン削減しよう、という目標が立てられました。4月には「ごみ減量対策部（翌年4月にごみ減量部）」という部門が市役所の中に設けられました。「東京都は10年かけてごみを20％削減しているので、2割削減は可能かもしれないと思っていましたが、2年でというのは大変な目標でした」とごみ減量部。「ありとあらゆるやれることをやろう、といろいろなことを次々にやりました」

　主な取り組みは、「チャレンジ100」（1日のごみ排出量を100グラム減らそう）（図3-6）という市民向けキャンペーンと粗大ごみの有料化による発生抑制と、集団資源回収の促進（3100拠点+107学区、資源回収量は年当たり5万→9万トンに）や瓶や缶の収集地域の全市への拡大、指定袋の導入などによるごみの資源化の促進でした。2000年8月からは、容器包装リサイクル法にもとづく容器・包装ごみ（家庭ごみの60％を占める）の分別回収を強力に推進し、4か月で家庭から出るごみをさらに25％も削減しました。分別が適切ではないごみ袋には警告シールを貼って回収しない一方、全市で2300回に及ぶ住民説明会を開催して、分別回収の徹底をはかったということです。

♪ 私の住んでいる町では、町ぐるみでコンポストを導入しようと計画中です。ミミズコンポストは面白いアイディアですね。詳しく知りたいので連絡先を教えてください。（米国、その他、男性）

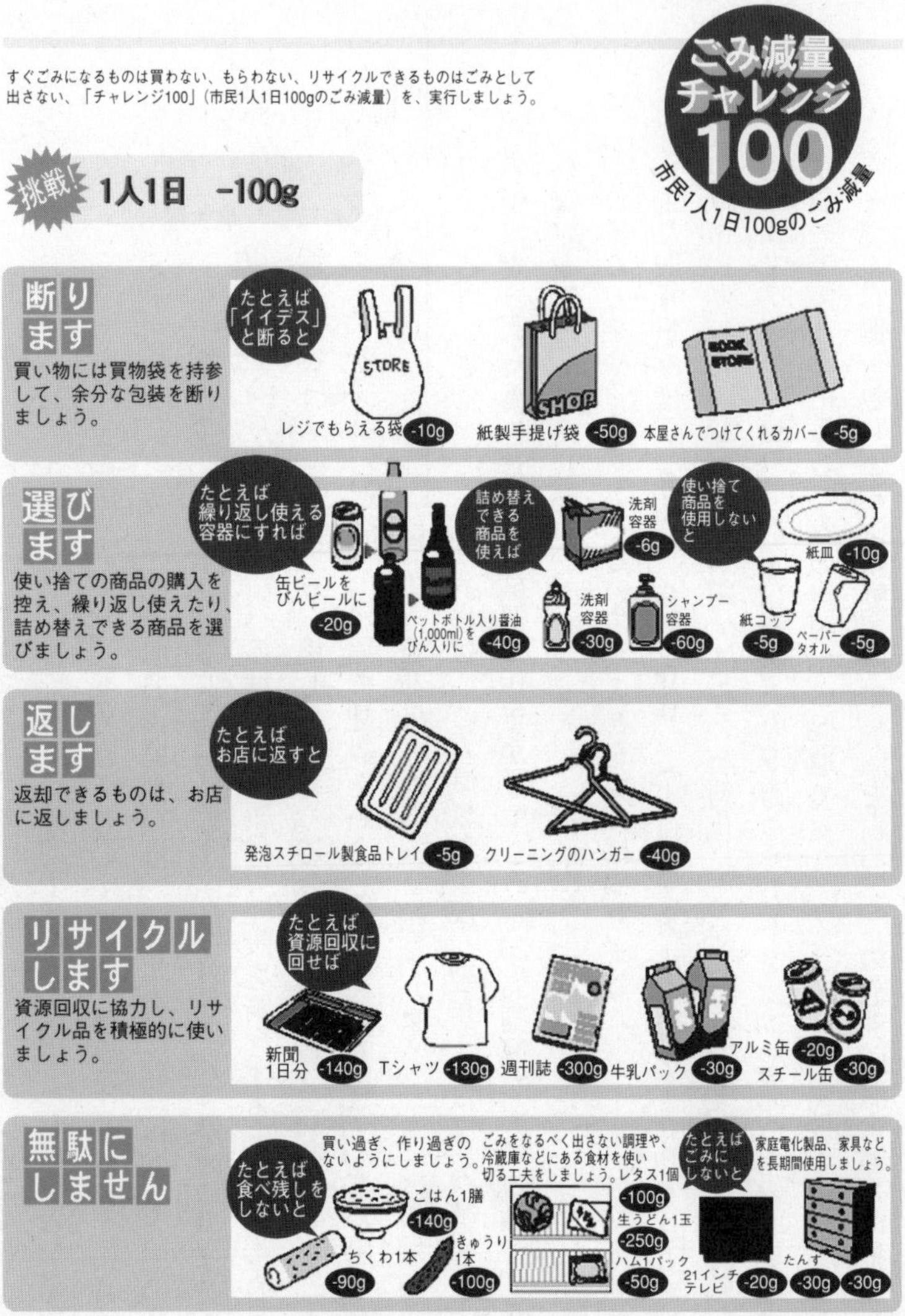

図3-6　「チャレンジ100」（出典：名古屋市ホームページ）

現在、名古屋市では家庭ごみは16種類に分別して出すことになっています。

藤前干潟は、「自分たちのごみで干潟を埋め立てるのはいやだ」という名古屋市民の保全への強い要望とごみ減量への努力に支えられて、守ることができました。そして、藤前干潟は、02年11月にラムサール条約に登録されたのです。大都市のすぐ近くにある藤前干潟は、「守りたい」という市民の強い思いで開発から守ることができた湿地として、世界のモデルの一つになるのではないでしょうか。

名古屋市は「2年間でごみを20万トン減らす」という目標を達成しました。次なる目標は、10年には、2000年からさらにごみを約20％削減し、全体で62万トン（1人1日当たり750グラム）とし、埋め立ては15万トンから2万トンへ激減させ、埋め立てゼロへの布石とするというものです。また、「ごみ減量先進都市」から「環境先進都市」をめざし、二酸化炭素排出量を10年までに、90年レベルから10％削減するという国の目標（温室効果ガス6％削減）を上回る目標を立てて、行動計画をつくり、職員のマイカー通勤を原則禁止するなど、さまざまな取り組みを推進しています。

藤前干潟をきっかけとしてごみ問題に行政と市民がスクラムを組んで取り組んだ副産物として、地域での対話が生まれたり絆が深まったそうです。松原市長はこれを「ごみニュケーションです」と。身近な環境問題を通して、地域づくりにもつながる取り組みの一つのモデルです。

ワースト1からの挑戦、市民条例でごみ半減―東京都日野市

東京都日野市は東京都心部からは電車で40分ほど西に位置し、南北6キロ弱、東西7・6キロの小さな市です。人口は約17万人。昔から東京の米倉と言われた農業や日野自動車をはじめとする工業が盛んで、東京のベッドタウンでもあります。（図3-7）

日野市の環境基本条例は、1994年に条例案を市民がつくり、直接請求し、翌95年に可決された「市民による市民のための条例」です。環境基本条例を市民参画方式で設定した背景には、緑地の減

在日フランス大使館に勤めています。家庭用燃料電池の記事を興味深く読ませていただきました。もう少し情報が欲しいので、連絡先を教えてください。（フランス、政府、男性）

図3-7　東京都日野市

少がありました。景気が悪化し、デベロッパーは保有していた土地の換金に狂奔していた時期です。とても宅地になりそうにない斜面地までも緑が切り払われ、宅地造成が行われるようになりました。緑が消えていくことへの市民の危機感がつのり、市民が行政への参加を表明したのです。もともと市民は環境問題に関心が高く、日野市内を流れる程久保川は河川勾配が非常に急なため、コンクリートで固められてしまっていますが、その護岸に穴をあけ、「わんど」を作ったこともありました。これはそこに住む魚、昆虫、小動物にも配慮する第一歩となり、今では子どもたちが自然と触れ合う遊び場となっています。**（写真3-8）**

環境基本条例に基づき、市としても初めての市民参画方式で、公募市民に行政計画を白紙の段階から案文の作成までお願いするという方式で、日野市環境基本計画を策定しました。応募した１０９人が自主運営で5つの分科会を作り、10か月で計画を作り上げました。

自ら作った計画には当然責任も伴うため、作成から5年が経つ今も、大勢の市民が集まって、計画の進行状況を見守り、市民としての役割を果たすために行動しています。日野市では、２０００年10月にごみ改革に着手した結果、ごみ収集量は約48％減少し、資源物回収量は約3倍に増加しました。この結果、日野市に与えられた最終処分場での配分量を下回り、市の分担金は還付され、処分場の延命にも大きく貢献しています。しかし、３年前には、日野市は周辺26市の中でリサイクル率や不燃ごみ量が「ワースト1」だったのです。

市では、ワースト1という恥ずべき状況を市民にも訴え、その解決策を提案しました。増え続ける

写真3-8　子どもたちが自然と触れ合う遊び場「わんど」

ごみの原因はダストボックス収集方式にある、として収集方式を改めることにしました。ダストボックス収集方式とは、スチールのごみ箱を使うもので、クレーンでトラックに積み込むのでとても合理的に見えます。ごみ改革は、いつでもどこでも捨てられるダストボックスの便利さを捨て、指定有料袋による戸別収集方式によって、ごみの発生の責任を明確にしようとしたものです。ごみ有料化（指定袋制）で約4億円の手数料収入がありましたが、収集方式の変更のコスト増が3億円以上でした。しかし、ごみの量が減少したため、想定したよりずっと低いコストでごみ改革を行うことができました。

ごみは半減したのですが、生ごみの減少率が少ないため、現在は可燃ごみの5割が生ごみです。環境基本計画では、生ごみの有効利用法が見つかれば可燃ごみは3年前にくらべ10％にできると提案しており、生ごみの堆肥化、バイオマスガス化などいろいろな方法を研究、検討しています。

市民には、ごみ改革直後から半年までは毎月、以降は年1回、ごみの減少状況を報告し、次に取り組むべき課題や具体的な方法などを提示しています。報告では、市長の自宅の実排出量も併せて掲載。トップのリーダーシップ、改革後の成果の評価などを市民へ伝えることが重要です。ごみ改革前は、ダストボックス廃止反対が80％近くありましたが、ごみ改革後の評価では、56％が好ましいと答え、好意的中立と合わせると80％近くの支持を得ています。また、これをきっかけに関心を持つようにな

♪ 環境研究分野での仕事が多い関係で、毎日多くの情報が主要な環境団体から届きます。JFSの情報はその中でも最高クラスです。（英国、政府、男性）

った56%を含め、市民の90%がごみ・環境問題に関心を持っています。ごみの分別に参加し、ごみの減量の一翼を担うところから、関心が生まれ、また行動につながっていることがわかります。

森を守る全国各地の取り組み

日本は、国土の67%が森林という「森の国」です。しかし、木材の内外価格差や林業従事者の高齢化などにより、国内の森林の利用が進まず、手入れができないために荒れた森林が目立つようになってきました。

国土の荒廃を防ぎ、山村の地元経済を活性化するために、多くの都道府県や市町村が、地元の木の認証制度をつくったり、補助金を付けて、地元産の木材利用を促進しています。NGOや市民グループなども「地元の木で家をつくる会」を各地で立ち上げて、取り組みを進めています。木材加工の研究開発も進み、日本の木を使った強い合板や家具、文房具もつくられています。

日本の山を守るために緊急課題である間伐材の利用もさまざまに工夫されています。政府は、公共工事に国産の間伐材を積極的に使うよう都道府県に通達を出しています。間伐材でつくられた内装材、テーブルやイス、鉛筆や割り箸もあり、間伐材マークなどを付けてアピールしています。京都府では、コンクリート製が一般的だった堰堤《えんてい》部分に間伐材を利用した木製ダムをつくりました。また、最近NGOと製紙企業の共同の取り組みで、間伐材紙の封筒や紙もできました。

また、国内の森林でFSC（森林管理協議会）の認証を受けるところも増えています。2003年の6月には「緑の循環認証会議」という日本独自の認証組織も発足しました。

ユーザー企業として海外の森林を守る新しい動きとして、リコーはオールドグロス林（樹齢200年から1000年の樹木が大勢を占める生態系として成熟した森林で、原生林とほぼ同意語。最も生態系の豊かな森林と言われている）、原生林（自然のままで人手が加えられていない森林）、もしくは絶滅危惧種の生物が生息する自然林などからの原料は使わない、という規定を設けました。再生紙使用という基準にとどまっていた紙製品のグリーン購入の取り組みで、原生林の保護にまで踏み込んだ画期的な基準です。

森林はエネルギー源としても注目されています。政府が主導する「バイオマス・ニッポン」のプロジェクトのもと、バイオマス・エネルギーの研究・実用化の取り組みも進められています。薪ストーブの復活や、木材として使えない木屑などをペレットにして暖房に使う、または蒸気ボイラーで燃やし、地域暖房や発電を行うなどの取り組みが、特に森林県を中心に広がっています。

木材利用のみならず、森林の大切さを認識して守ろうという取り組みも日本各地に広がっています。自治体で、森林を守るための税金を設定したり、水道料金に一定料金を上乗せするなどして、雨水を吸収して水源の枯渇を防ぎ、また水流が一時に河川に集注して洪水を起こすことを防ぐ水源涵養林の保全活動を進めるところが少しずつ増えてきました。たとえば、高知県の森林環境税などがあります。

また、「森は海の恋人」というキャッチフレーズで、漁師が毎年植林をする活動もあります。宮城県の気仙沼では、豊かに育った森から流れ出る水が豊富な海の生物を育むようにと、漁民と山の地区の住民

キーワード　**間伐材**

- 岩手県、チップボイラー導入
- 間伐材を使った封筒を開発、販売開始
- 三島市のエコスクール校舎、完成
- 新燃焼方式薪ストーブやペレットストーブを開発
- 林野庁、地域材の大規模な流通・加工システム確立へ

（全8件より抜粋　2004年2月現在）

キーワード　**バイオマス**

- 環境省がバイオマス循環利用技術開発へ
- 『ぬか』『わら』からメタノール
- 「バイオマス・ニッポン総合戦略骨子」公表される
- バイオマス活用へ、木質ペレットの復活の兆し
- 岩手県、チップボイラー導入
- 環境省、生ゴミ利用燃料電池発電システム事業を実施
- 木質バイオマスを利用した発電試験を開始
- 新燃焼方式薪ストーブやペレットストーブを開発

（全19件から抜粋　2004年2月現在）

JFSの指標として、産業連関分析を用いて社会、環境面を評価することを提案します。また、各経済分野での脱物質化率もいい指標となります。（オランダ、研究機関、男性）

が手を携えて植樹する「森は海の恋人植樹祭」が10年以上も続いています。

この活動を始めた「牡蠣の森を慕う会」の畠山重篤氏は、牡蠣の養殖に長年携わっている中で、「海がおかしくなってきた」ことを実感し、「海から環境を考える」活動をしたいと思い、漁師の植林運動を始めました。森と海をつなぐ川の上流から子どもたちを呼んできて、「プランクトンを飲んでみる」経験もさせるそうです。畠山氏いわく、「人間の排出するものはすべて海に来て、植物プランクトンに集約される。そのプランクトンを採取して飲むだけで、子どもたちは自分のこととして、環境を考えるようになる」。

十数年やっていて、流域の人の意識が変わり、海の生き物が戻ってきて、ウナギやタツノオトシゴも取れるようになったそうです。今日本の各地に「海は森の恋人」の植林運動が広がっています。


JFSのニュースレターは素晴らしいですね。落ち着いた言葉で持続可能性の情報を完璧に提供するJFSの姿勢に触発されています。（インド、研究機関、男性）

COLUMN

「海外のＮＧＯとの交流会」

世界に情報を発信しているＪＦＳには、「来日するので話をしたい」「情報交換をしたい」などの申し込みや問い合わせが世界各地から届きます。できる限り、スタッフがお会いして日本の取り組みを直接伝え、世界の情報を分けてもらうようにしています。さらに可能な場合には、ＪＦＳの法人会員や個人サポーター、ボランティアのみなさんとの交流の場を設けるようにしています。

ニューヨークに本拠を置き、40万人以上の会員を抱える米国の環境ＮＧＯ「エンバイロメンタル・ディフェンス」（Environmental Defense）のプロジェクト・マネージャーのエリザベス・スターチェン氏が来日した際にも、「情報・意見交換をしたい」とコンタクトがあり、２００３年11月18日に「囲む会」を開催しました。

このＮＧＯは、気候変動や生態系保護などの分野で活発に活動しており、調査研究活動を政治家や一般の人々への働きかけに結びつける活動を展開しています。１９６７年に設立された団体ですが、ある時期に「対決型」「告発型」から「協働型」へアプローチ方法を転換し、「企業パートナーシップ・プログラム」で、マクドナルドの容器を発泡スチロールから紙製に転換するなど、実効のある活動をしています。お会いする前から活動や組織運営など、私たちもいろいろと学びたいと思ってました。

当日はＪＦＳの個人サポーターの方など、十数名が参加。スターチェン氏から具体的な活動についてお話を聞き、後半はワインを飲みながらさらに情報や意見を交換しました。カジュアルな雰囲気の中で、親交を深めることのできた、とても楽しい会となりました。

エリザベスさんの発表および質疑応答は英語で行われたため、ＪＦＳボランティアの通訳チームのメンバーが参加者とのコミュニケーションのお手伝いをしました。懇親会では参加者も直接英語で意見交換をするなど、英語によるコミュニケーションの貴重な機会にもなったようです。

これからも、ＪＦＳの世界とのご縁を活かして、このような会をどんどん開いていく予定です。

JFSは面白いサイトです。持続可能性に向けた直接的なアプローチはとても貴重です。ぜひJFSのミッションや将来の活動・計画について詳しく紹介してください。（レバノン、大学、男性）

“気づき”の力が人々を動かす
語り継がれる大地の知恵

4

地元再発見で自信を取り戻したコミュニティ。学びの過程で自発的に動き始めた子どもたち。「知識」が「気づき」に変わるとき、人々は実践への一歩を踏み出します。自然、歴史、風土……土地土地に息づく知恵を、確実に次世代に手渡している人たちがいます

「ごみ」から学ぶ

環境、産業、生活の調和。地元に学ぶ「地元学」――熊本県水俣市ほか

足元を見直すことで地域づくりに役立てようという「地元再発見」の動きが、ここ数年全国的に広がりを見せています。地元の人が主体となって、自分たちの住む地域について調べて学ぶ地元学を通じて、地域独自の生活文化を自覚することにより、地域外からの変化に対応しながら、住みよい地域づくりにつなげようという試みです。

地元学とは、地元の人が主体となって、暮らしの中の知恵や経験、資源を調べ、学び、認識することです。地元学では地元の人を「土の人」、外部の人を「風の人」と呼んでいます。「土の人」の独りよがりにならないように、「風の人」の視点や助言を得ながら協働で進めます。「土」に「風」が吹いて初めて気づく地元の良さや個性があるのです。地域の風通しがよくなることで、世代で分断されていた住民の間にコミュニケーションの芽が生まれます。地元でのお年寄りと、若者や子どもとの対話が生まれ、智恵を教わる方だけでなく、教える方も教えることで「地元」を再発見するというように、双方が生き生きしてきます。

地元学では、市町村という行政区域や、風土や歴史、生活領域を一つにする地域を「地元」としています。また、川の流域、山に囲まれた盆地、島など、地形的にまとまりのある地域を意味する場合もあります。

地元学の基本は、「あるもの探し」です。地域の自然、風土、伝統、歴史、民族、文化などの暮らしとその移り変わりを調べ、地域の個性を把握します。地域固有の風土には、地域固有の暮らしがあります。身土不二という思想です。地域の風土と暮らしの固有性を理解することにより、外からのさまざまな変化が入ってきた場合に、地元として変化をどう受け止めるかを決める判断材料となるので

す。
2003年現在、この「地元再発見」の動きは、全国100以上の自治体に広がっています。早くから取り組みを始めた愛知県美浜町では、町全体が竹炭を焼く里となり、炭の加工品が特産品になりました。岩手県湯田町では、風車やバイオマスによる自然エネルギー導入が本格的に進められています。また、県レベルでは、岩手県が1999年に総合発展計画の中で「いわて地元学」の推進を掲げて、10年間かけて地域資源の再発見に取り組んでいます。同様の取り組みは、群馬、岐阜、高知、宮崎の各県にも広がっています。

日本には「縁」という素晴らしい言葉があります。山や川といった豊かな自然との「縁」、伝統や歴史を通じての先人との「縁」、未来を共有する地域の人同士の「縁」。地元学とは、近年薄れてしまった地域の「縁」をつむぎ直す作業です。

将来からの大切な預かりものである地域資源を、自分たちの責任範囲である「地元」で着実に管理していく。それは、地域で暮らす人々がそれぞれの自信を取り戻す一つの方策でもあります。そして、地域規模で考えて、行動することは、どこかで地球全体につながっています。一つひとつのコミュニティは山を越え、海を越えて、目には見えない絆で結ばれているのです。

水俣市は、長年水俣病に苦しんできた土地です。それは54年頃から猫が狂い死にするなどの奇病が漁村に発生したことから始まりました。68年に厚生省（当時）が「チッソの廃水が原因」と断定するまでは、国は漁獲禁止措置を取らず、企業も汚染源の生産を中止しなかったため被害が拡大し、直接被害を受けた住民だけでも1万人を超える大惨事となりました。発生から40年近くたった現在でも、治療法は見つかっておらず、胎児性水俣病患者は未だに苦しみを抱えながら生活しています。

世界的にもよく知られた公害病でありながら、水俣市の漁村以外の住民は、水俣病や被害者のことをよく知りませんでした。行政と被害者たちの対立はもちろんのこと、さまざまな利害関係により被

日本だけでなく世界各地の取り組みも伝えてほしいです。千里の道も一歩から、と言いますが、JFSはこの一歩で何百キロも先を行くことになるでしょうね。（ネパール、NGO、男性）

害者たちと一般市民との間にも長年対立が続きました。市民はこの問題に正面から取り組むことを避けてきたのです。

当時水俣市役所で水俣振興推進室に勤務していた吉本哲郎氏は、水俣病の犠牲を無駄にしないため、市民が水俣市で起きたことをきちんと把握して、地域を知ることが問題解決の糸口になると考えました。それを地域発展のために活かして、住民が愛着と誇りを持って住めるような町づくりを提案しました。こうして地元学が誕生しました。

吉本氏はまず、市内26地区の20〜40代の人たちを10人ずつ集め、「寄ろ会」という地区活動の世話人会を組織します。「寄ろ会」では、役所に陳情することをやめ、自分たちでできることをやる、をモットーに「あるもの探し」を始めました。公害を引き起こした企業、被害者、当時の地域の姿を調べ、水俣病の実態を知ることで被害者とそれ以外の市民との対話が増え、次第に交流が進んでいきました。

長年続いた住民同士の対立が、何か新しいものを生み出すエネルギーに変わってきました。対話により互いの違いを認め合い、距離を近づけあって、新しい町を自分たちの手でつくりたい、という思いが住民の間に生まれたのです。

地元住民が最初に取り組んだテーマは水でした。自分たちの飲み水はどこから来るのかを調査して、わかったことはすべて地図に書き込みました。山芋、ワラビ、アユ、神社、大木など、地域にあるものなら何でもいいのです。「そんなのでいいなら、いっぱいあるよ」ということで、地域の「資源マップ」が出来上がっていきました。

地元学の実践で地域の姿が明らかになってきました。地域が時代の変化をどう受け入れてきたかがわかり、未来に何を残したいか、そしてそのためには何を変えるかが見えてきました。行き着いたのは、自然環境、産業、生活文化のバランスのとれた町でした。

92年に同市は、「環境モデル都市づくり」を宣言します。水俣病の経験と教訓から、「環境水俣賞」を創設しました。環境に配慮したモノづくりをする生産者を「環境マイスター」として認定する制度もつくりました。現在、無農薬野菜やお茶、米、ミカンの生産者や無添加の煮干しを生産する漁師、化学薬品を使わない和紙生産者ら23人が認定されています。

ほかにも、環境マネジメントシステムの国際規格「ISO14001」の家庭版や学校版、事業所版という「環境ISO」のしくみも立ち上げています。また、水俣市はごみ処理にも力を入れていて、分類は、資源ごみ、埋め立てごみ、有害ごみ、粗大ごみ、燃やすごみの5種類21分別に及びます。約3万人の全市民が参加しています。これは世界でも画期的な取り組みです。水俣市の環境基本計画は05年までの10年計画で、世界一の環境都市になることを最終目標としています。

「食の地元学」で地域の魅力再発見──宮城県宮崎町・北上町

時を同じくして、東北、宮城県でも、「食」を切り口とした地元学が生まれていました。地元学の提唱者の1人で、民族研究家の結城登美雄氏のお話です。

宮城県宮崎町（2003年4月1日加美町に合併）は人口6000人、1500世帯の農業集落です。1998年から、毎年秋にこの町の体育館いっぱいに各家々の家庭料理が一堂に集まる「食の文化祭」が開催されています。毎回、1000点を超す和洋折中さまざまな家庭料理が集まり、ここに来ればこの町の人々の日々の食卓が見えてきます。

高齢者の多い町ですが、たとえば70歳のおばあさんの場合、仮に20歳で嫁いだとして、ざっと計算

環境に関する最新の情報やトレンド、いつも楽しく読ませていただいています。JFSなどの記事でタイヤのリサイクルについて取り上げたものがあればリンクしてください。（中国、政府、男性）

したただけでも、１年３６５日、日に３度、50年で５万回の食事をわが手で生み出してきたことになります。出品者は12歳から92歳まで。地域に内在する「食の力」が伝わってきます。

「ここは何もない村だ」。６年前この町の人々は、便利なコンビニエンスストアやファミリーレストラン、大型スーパーがないことを口々に嘆き、自分の町を「遅れた町」と卑下していました。住民の目は外にばかり向いていて、足元のわが町には視線が及ばなかったのです。都市にあってわが町にないものばかりを求めて、わが町を否定的に評価してきました。

心理学の概念では、これを遠隔対象性と言います。人間は身近にあるものより遠く隔たっているものを価値の対象に求める、という心性のことで、ここではないどこかに本物があり、ここにあるものは本当ではないと、思ってしまう傾向があるそうです。

しかし、「何もない」はずのこの町の一軒一軒の家には畑があり、１年を通じて50〜60種類の野菜を育てています。近くの山からは、春には山菜、秋にはキノコ、木の実、町を流れる清流からは、カジカ、ヤマメ、イワナ、アユが取れます。これらの旬の新鮮な食材は日々料理され、食卓へ並びます。収穫の余剰は、ジャムや漬物などの加工品となり、保存の知恵や技術とともに貯えられ確実に今に伝えられています。

宮崎町の人々は、食の文化祭を通じてわが町にある資源に気づきました。自然、生産、暮らしがつながっているこの町は、画一的なコンビニや大型スーパーなど、必要としない町だったのです。

宮城県北上町は人口４０００人。一般にワカメとシジミをわずかに産する町としてしか知られていません。金銭的なものさしでこの町を見ると、産業らしい産業はなく、大消費者の集まる都市に、売る物はありません。

ところが、この「何もない」はずの北上町の女性13人にアンケートしてみると、彼女たちは１年間に３００余りの食材を生産していることがわかりました。自宅の庭先で取れる穀類が90種、里山から山菜40種、キノコ30種、果実と木の実が30種。北上川からはウナギ、シジミなど魚介類が20種。「田、畑、川、海、山から四季折々にごちそうがやってくる」のだそうです。北上町の住人はこの町を、お金がなくても暮らしていけるところ、と言います。しかし、金銭的なものさしで見ると、「何もないところ」になる。おそらく宮崎町同様、コンビニやファミレス、商店街などがないからかもしれません。

「風の人」との交わりを通じて「土の人」は、この町の風土、食の豊かさ、暮らしやすさに気づき始め、これらの継承の場として「食育の里づくり」を始めました。現在日本の食卓のほとんどが、家庭と外食の二つだけになってしまいましたが、地域のみんなでつくって食べる第3の食卓、「地域の食卓」を通じて、食の技やコツの交換を始め、郷土の味、食の記憶を次世代に伝えています。

地方には、「強いられた負の意識」があるように感じます。農村は、過疎化も進んでいて、文化的施設もなく、生活水準も低い、要するに遅れているところ、早く近代化すべきところという発想があります。都会の人たちもそのような意識で地方を見てきたし、地方の人たちも早く近代化しようと、都会ばかりを見て足元を壊してきました。

食の地元学を通じて、生活者の視点で暮らしを見直していくことの重要性を再認識しました。「いい地域」とは、自然環境、産業、生活文化のバランスが取れているところ、環境を守り、伝えようとする価値観や金銭ですべてを判断しない価値観がある、自分の価値観で暮らしを楽しむことができるところ。まずは自分たちが生活を楽しみ、豊かにすることから、同じ地域を生きる人々との「地縁」をもう一度再構築していきたい。そう結城氏は話を結びました。

「うちの町には、こんなものがある、あんなものもあっていいところです」と言われれば、訪ねてみたくなるでしょう。人を呼ぶために、町の資源を壊したり、一度来たら終わりの観光客を呼ぶための大型施設をつくるのではなく、その町の文化を気に入って何度も足を運んでくれるリピーターをつく

ニュースレター、とても興味深く拝見しました。日本は別世界ですね。ウクライナの現状とは全く違うことがわかりました。(ウクライナ、その他)

っていくこと――地方にもこのような持続可能な発展が求められていることを地元学は教えてくれます。

学校からはじまる「気づき」の体験

●宇宙船の旅――川口市民環境会議×川口市立飯塚小学校

埼玉県川口市内の環境NPO、川口市民環境会議（浅羽理恵代表）は、年に1度の「エコライフDAY」を通じて、地球温暖化の原因である二酸化炭素の排出削減を広く市民に呼びかけています。1日版環境家計簿を独自に作成し、市民みんなに環境に配慮した1日を過ごすよう呼びかけ、記入済みの1日版環境家計簿を回収して、その効果を合計するのです。市内の大手スーパー、公民館、図書館、市役所をはじめ、小・中・高の学校へも環境家計簿を配布し、児童・生徒やその家族も参加する川口市の一大イベントです。

1日版環境家計簿には、約20の記入項目があります。たとえば、「ペットボトル入りの飲みものを買うのを控える」と87グラム、「シャンプーや台所用洗剤は、使い過ぎず、適量使う」と121グラム、「買い物袋を持っていき、余分な包装は断る」と48グラム、「自家用車を使わないで、徒歩やバス・電車を使用する」と830グラムの二酸化炭素削減につながります。

第4回めを迎えた2003年は、参加者が2万8000人を超えました。珠算教室に通う子どもたちやボランティアの高校生が夏休みを返上して集計作業に当たりました。02年のエコライフDAYには、1万1744人が参加し、1日で二酸化炭素を約1366キロ削減しました。この二酸化炭素を、身近なものに置き換えてみると、２・７本のドラム缶に入った石油を節約したことになり、これは98本の木が1年に吸収する量に相当します。（直径26センチ、高さ22メートルの50年杉で算出）。

川口市民環境会議では、１年のうち１日だけでも自分の生活を振り返り、環境に配慮した商品を選択するグリーンコンシューマーが増えてくれることを期待しており、エコライフＤＡＹの内容をもっと理解してもらうため、学校への出張授業も行っています。

たとえば、川口市立飯塚小学校5年生のクラスで、総合学習の一環として実施された環境学習授業の１コマで、約30名の生徒を対象に４人のボランティアが講師を務めました。授業の前半は、「これから宇宙船に乗って50年間旅をします。何を持っていきますか？」の問いに、５～６人の班に分かれて検討し、模造紙に書いて発表です。「今から50年？　僕らが61歳になるまでか～」。その日は気温が高く蒸し暑かったせいか、ペットボトル入り清涼飲料水は、持ち物リストの上位を占めました。さらなる涼を求めアイス、プールをあげる班も。50年分の食糧・水、お菓子、テレビ、ゲーム、宇宙服、ごみ箱、多種類の動物。勉強道具をあげた感心な班もあって、各班ごとに特徴があって興味深い結果となりました。

講師が、「水や食糧の保存法は？」「ごみ処理や電源はどうするのかな？」と問題を投げかけます。子どもたちに資源の「循環」に気づいてもらうことが狙いです。意外だったのは、子どもたちが「水は腐る」ということを知らなかったことです。巨大冷蔵庫を用意する、ごみはそのまま宇宙に捨てる、巨大焼却炉をつくる、電池を大量に持っていく、などのアイデアが飛び交いました。「でも宇宙船の中でも、今までと同じ生活の仕方でいいのかな？」議論を進めていく中で、オゾン層破壊の原因は、もしかしたら私たち人間がつくり出している？　と子どもたちは気づき始めました。

次に、「30年後の地球」をイメージしたビデオを見ました。世界人口増加、人間活動の拡大による資源の枯渇、地球温暖化の悪化、南北の貧富の差の拡大など、現在の地球が直面しているさまざまな

日本と言えば、高品質の車や電化製品のイメージでしたが、JFSの記事で日本の文化、伝統などに触れ、イメージが変わりました。（エストニア、研究機関、女性）

問題を厳しく警告する内容です。子どもたちの中に「危機感」が少し芽生え始めたようです。子どもたちは一言もおしゃべりをせず、真剣に見入っています。

最後に、１９９２年にブラジルのリオで開かれた国連環境開発会議で、子ども代表だったセバン・スズキさんのスピーチが紹介されました。当時12歳だった彼女は、大人に向かって「オゾン層に開いた穴をどうやってふさぐのか、あなたは知らないでしょう。どうやって直すのかわからないものを、壊し続けるのはやめてください」「大人はみんな子どもを愛しているって言うけど、このことを行動で示してほしい」と訴えました。自分たちとほぼ同じ年の女の子が、自分の将来、みんなの将来について真剣に考えていたことが、子どもたちの心に響いたようです。

授業の終わりに書いてもらった感想文の中には、自主的に目標を立てた子どもが多くいました。「使っていない部屋の電気はこまめに消す」「水の使い過ぎに気をつける」「寒い日には厚着をし、暑い日には薄着で、夜も窓を開けて寝るようにする」「給食を残さない」「ごみを減らしてリサイクルする」「ごみが多く出る商品はなるべく買わない」など、自分でできることから始めてみよう！　と気づいた子がたくさんいました。

また、「自然が大好きなので、水が汚されて、森がどんどん切られていくのがとても嫌だ。人間は生物や地球がなければ何もできないので、明るい未来になるようにしたい」などの意見も。「大人と子どもが力を合わせて努力すれば、地球環境を良くできそうだ」「環境についてもっと知りたいのでこういう授業をもっとやってほしい」との意見もありました。

近年、「環境教育におけるコラボレーション」の重要性がよく訴えられています。地元に密着したＮＰＯが、学校教育の現場に入って、自分たちの知識や経験を活かして、子どもたちに直接問いかけ、揺さぶり、気づきをもたらす様子を見て、改めてコラボレーションの重要性を感じました。子どもたちの気づきや驚きをどのように行動につなげていくか？　これも大切な次のステップです。

●小学校でISO！──あさのがわグリーンプロジェクト

石川県では02年から、小・中・高校で環境行動計画を策定し、実践する動きが広がっています。初年度に県から「学校版ＩＳＯ」の認定を受けた金沢市立浅野川小学校の実践を紹介しましょう。浅野川小学校では、11クラスで２５７人の児童が17人の教職員と学んでおり（02年5月1日現在）、「あさのがわグリーンプロジェクト」と名づけた環境保全活動を進めています。

プロジェクトでは、（１）省電力（二酸化炭素排出抑制）、（２）省燃料（二酸化炭素排出抑制）、（３）節水、（４）紙資源の節約、（５）ごみの減量化、（６）自然を大切にすること、の6領域ごとに担当者を決め、年間を通して、（１）学習活動、（２）児童委員会活動・学校行事、（３）普段の学校生活、（４）地域との連携などの場面にできるだけ分けながら、実践を行っています。

その中から、節水の領域での児童の実践を紹介しましょう。6年生は2学期に、総合的な学習の「あさのがわ環境ＩＳＯ」で、子どもたちが自分たちが今できる環境保全活動や、これからも浅野川小学校に残していきたい取り組みについて、考えたり実践する学習を行いました。

浅野川小学校は、その横を流れる浅野川の下流に位置していて、水はきれいとはいえない状態です。そのためか、児童の水への意識も高く、水を大切にしたいという強い思いを子どもたちは抱いています。

その中で、児童は「雨水の貯水タンク計画」を提案してきました。雨水を学校の数か所に貯水して、掃除やビオトープ、トイレ、牛乳パック洗いなどに利用しよう、という計画です。児童の提案書には、場所や貯水タンクの大きさ、利用方法などが細かい計画が書き込まれていました。その提案に基づき、タンク1基が予算化され、設置されました。

「節水コマ計画」も児童から提案されました。節水コマとは、水道の蛇口に取り付けて流量調節をするもので、日本では節水のために地方自治体が無料または格安で市民に提供するなどして、取り付け

最近スペインで開かれた会議でJFSのことを知りました。私たちもケニアで環境NGOを運営しています。JFSについてもっと情報をください。（ケニア、NGO、男性）

を進めています。児童は、この節水コマの効果を検証した結果、校舎内の水道栓に取り付けてほしいと学校に要望を出しました。そして、校舎内にある水道栓の約半分に取り付けられました。

節水については、委員会活動として、学校の水使用量を測定し、普段の学校生活では「水道の蛇口は確実に閉める」「ぞうきんはバケツで洗う」などを実践しています。

浅野川小学校では、年間を通して「歯みがき運動」を実践しているのですが、これまでは、水を出しっぱなしでみがく姿が多かったことから、「コップ1杯の水運動」に児童会全体で取り組みました。このような取り組みの結果、２０００年度から02年度の間に、児童・教職員１人当たりの水使用量は約９％減りました。

ごみの減量の領域では、児童会の委員会で、学校全体のごみと、給食の残さの重量を毎日測定しています。資源を有効使用し、ごみを減らし、給食を残さず食べることが目的です。

別の委員会では、給食の残さをコンポストで堆肥《たいひ》化する取り組みを行ってきましたが、植木鉢に堆肥入りの土と堆肥を入れない土をそれぞれ入れて、学校内の廊下数か所に二つ並べて置き、花の育ち方が違うかを比べることで、学校全体の意識を上げる試みを行っています。

また、給食で飲んだ牛乳パックを洗って乾かし、リサイクルする運動は数年前から取り組んでいます。金沢市は最近、学校が牛乳パックをリサイクルした分をトイレットペーパーで学校に還元する取り組みを始めました。自分たちのリサイクルの実践が目に見える形で戻ってくることはとても意義深く、児童の動機づけにもつながっています。

教職員がレールを敷いて引っ張るのではなく、子どもの発想による取り組みであるところに意味があると思われます。このように6領域のそれぞれで、学習や委員会活動、全校での実践をつなげて進めた結果、02年度の児童・教職員１人当たりの二酸化炭素排出量は、２０００年度に比べて、約18％も減りました。

浅野川小学校では、このような学校での活動や実践を1枚にまとめた「あさのがわISOだより」を発行しています。また、学校の掲示板に取り組みを紹介するスペースを確保したり、学校のホームページにもコーナーを設けています。学校の取り組みを紹介するだけではなく、環境保全への思いが広く市民に伝わり、少しずつ環境の輪が広がっていくことを願っているからです。

10月、11月と日本に6週間滞在し、日本と日本人はすばらしいと思いました。JFS、大好きです。ニュースレター待ってます！（ユーゴスラビア、研究機関）

COLUMN

「日米学生環境プログラム」

ＪＦＳが毎月送っているニュースレターを読んで下さっている海外の方から、来日の際にＪＦＳメンバーとの交流の機会を持ちたいという熱心な問い合わせをいただきました。米国カンザス大学のパトリシア・グラハム教授から、２００４年6月に学生10名を引率して来日する際、ＪＦＳと意見交換ができないかというられしい問い合わせです。京都、奈良などで日本の伝統文化を学習した後、現代の日本を理解する教育プログラムの一環として、ＪＦＳとの交流を望まれたのですが、私たちはせっかくの機会ですから「こちらも大学生に出てもらって、日米の学生さんの意見交換と交流の場にしようよ」と「日米学生環境プログラム」を企画し、学生ボランティアのみなさんとともに準備を進めています。

プログラムの詳細はこれからですが、日米の学生が環境について意見を交換することで、お互いの理解が進み、太平洋の両側から未来の地球環境や平和に貢献してほしいな、と願っています。また、ＪＦＳの学生ボランティアにとっても、企画や運営、当日の交流に加えて、国際会議などの場で意見交換するために必要なスキルを学び、実践してもらえれば、と思っています。このプログラムをきっかけにＪＦＳに関心を持ち、活動に参加してくれる人々も大募集しています。

海外の大学や研究機関に所属する読者の方々から、ニュースレターを教材に活用しているというフィードバックが続々と入ってきています。「日本の環境で知りたいことがあったらＪＦＳへ」「来日したらＪＦＳへ」が世界の合言葉になりそうです！

お江戸に学ぶ。スローに生きる
本当の幸せはどこにある？

5

完全循環型のスーパーエコシティ大江戸から、平成のスローライフ・ブームまで。お金では測りきれない、持続可能な「もう一つの生き方」に、かつてないほどの注目が集まっています

無継文化財

江戸時代は循環型社会だった！

徳川家康が征夷大将軍になった１６０３年から大政奉還の１８６７年までの２６５年間にわたる江戸時代、日本は外国から侵攻されることもなく、海外とのやりとりを絶って鎖国をしていました。また、国内でもほとんど戦争のなかった平和な時代でした。そのため、この時代には経済や文化が独自の発展を遂げました。

当時の日本の総人口はどれほどだったでしょうか？　１７２０年頃に最初の全国統計が取られましたが、幕府が開かれてから幕末まで、ほぼ３０００万人ぐらいで、ほとんど変動がなかったと言われます。２世紀半もの間、人口が安定していた国なのです。江戸の人口は、約１００〜１２５万人と推定されており、当時、世界最大の都市でした。当時のロンドンの人口は約86万人（１８０１年）、パリが約67万人（１８０２年）です。

現在の日本は、エネルギーの約80％、食糧（カロリーベース）の約60％、木材の約82％を海外からの輸入に頼っていますが、江戸時代の約２５０年間は鎖国をしていましたから、海外からは何も輸入せず、すべてを国内のエネルギーや資源でまかなっていました。といっても、日本には石油資源はほとんどありません。江戸時代の後期には塩を煮詰める時に石炭を使っていたという記録がありますが、その量は微々たるものです。つまり、化石燃料をほとんど使わずに、戦争のない時代をつくり、素晴らしい文化を発展させた時代だったのです。

ここ数年、「江戸時代は、人口も安定し、国内だけの物質収支で成り立っていた循環型の持続可能な社会だった」という認識が広がり、江戸時代の社会のあり方を学んだり、その知恵を現代に活かそう、という動きが出てきています。

●江戸時代のリサイクル事情

この分野に詳しい作家の石川英輔氏の『江戸時代はリサイクル社会』などを参考に、なぜ250年にわたる自給自足の循環型社会が可能だったのか、江戸時代にどのようなリユース、リサイクルが行われていたのかを見てみましょう。

江戸時代は、現在のように「ごみ問題」を解決するためにリサイクルをしていたわけではありません。もともとモノが少なく、何であっても（灰のように現在は厄介者扱いされるものでさえ）貴重な資源でした。新しいモノは高価で簡単には手に入らなかったので、ほとんどすべてのものがごみにならずに、使われ続けていたのです。

そのために、江戸時代には専門のリユース、リサイクル業者（リサイクルという言葉はありませんでしたが！）がたくさんいました。たとえば…、

＊鋳掛《いか》け（金属製品の修理専門業者）

古い鍋や釜などの底に穴が開いて使えなくなったものを修理してくれます。炭火にふいごで空気を吹き付けて高温にし、穴の開いた部分に別の金属板を貼り付けたり、折れた部分を溶接する特殊な技術を持っていました。

＊瀬戸物の焼き接ぎ

割れてしまった陶磁器を、白玉粉で接着してから加熱する焼き接ぎで修理してくれる専門職人。

＊箍屋《たがや》

40～50年ほど前までは、液体を入れる容器は木製の桶や樽が普通でした。桶や樽は、木の板を竹でつくった輪で円筒形に堅く締めてつくってあり、この箍が古くなって折れたりゆるんだりすると、新しい竹で締め直してくれました。

そのほかにも、提灯《ちょうちん》の貼り替え、錠前直し、朱肉の詰め替え、下駄の歯入れ、鏡研ぎ、臼の目立て

♪持続可能性についての貴重な情報と積極的な活動を知ることができ、JFSの記事にとても満足しています。高月さんのマンガの大ファンです。（オーストラリア、政府、女性）

など、さまざまな修理専門業者がいて、どんなものも丁寧に修理しながら、長く使うことがあたりまえ、という時代を支えていました。また、回収専門の業者も数多くいました。たとえば、

＊紙屑買い

不要になった帳簿などの製紙品を買い取り、仕分けをし、漉《す》き返す業者に販売していました。当時の和紙は、10ミリ以上もの長い植物繊維でできていたので、漉き返しがしやすく、各種の古紙を集めてブレンドし、ちり紙から印刷用紙まで、さまざまな再生紙に漉き返すことができたそうです。

＊紙屑拾い

古紙を集める専門業者ですが、買い入れるだけの資金を持っていないので、町中を歩き回っては落ちている紙を拾い、古紙問屋へ持っていって日銭を稼いでいました。

＊古着屋

江戸時代までは、布はすべて手織りだったので高級な貴重品でした。江戸の町には4000軒もの古着商がいたとも言われています。

＊古傘骨買い

左から鋳掛け、箍屋、古傘骨買い、取っけえべえ
（出典：石川英輔『大江戸リサイクル事情』）

当時の傘は竹の骨に紙を貼り付けたものでした。古傘買いが買い集めた古傘は、専門の古傘問屋が集めて油紙をはがして洗い、糸を繕ってから傘貼りの下請けに出しました。油紙も丁寧にはがし、特殊な包装用に売っていました。

＊古樽買い

液体容器として主に使われていた樽の中身がなくなると、古樽を専門に買い集める業者が空樽専門の問屋へ持っていきました。今でもビール瓶や清酒の一升瓶はしっかりした民間の回収ルートが

あって、高い回収・リサイクル率を誇っていますが、その仕事をしている瓶商の祖先は、この空樽問屋だった人も多いそうです。

＊取っけえべえ

「取っけえべえ、取っけえべえ」と歌いながら歩く子ども相手の行商人で、子どもが遊びながら拾い集めた古釘などを簡単なオモチャや飴などと交換し、古い金属製品などを集めました。ほかにもたくさんの回収・再生業者が、ものを捨てることなく大切にし、必要があればものの姿を変えて（リサイクル）最後まで使い切る生活を支えていました。ちょっとびっくりするようなリサイクル業者もありました。たとえば、

＊ロウソクの流れ買い

ロウソクは貴重品でしたから、火を灯したロウソクのしずくを買い集める業者がいました。

＊灰買い

薪などを燃やすと灰が出ます。この灰を買い集め、肥料として農村に売っていたのが灰買いです。民家では、箱などに灰をためておき、銭湯や大きな店など大量の灰が出るところでは灰小屋に灰をためて、灰買いに売りました。

東京農業大学の小泉武夫教授の『灰の文化史』には、世界中に灰を利用した文化はあるが、都市の中に灰を買いに来る商人がいて、実際に循環させたのは、自分の調べる限り日本だけだ、と書かれています。

＊肥汲み

人間の排出物（下肥《しもごえ》）は、1955年頃までの日本の農村では、最も重要な肥料でした。下水道のなかった頃のヨーロッパでは、排泄物は窓から捨てており、衛生状態が非常に悪かったために、伝染病のペストが繰り返し大流行したほどですが、日本では、貴重な資源として扱われていたので

持続可能性にかかわる企業を立ち上げ中です。調査を行う上で、JFSのサイトは日本の豊かな経験、情報を英語で提供してくれる数少ない貴重なサイトです。ありがとう。（米国、企業、男性）

した。

農家では、下肥を肥料として使うため、契約した地域や家に定期的に汲み取りに行きました。農家がお金を払うか、農作物の現物と交換する形で買い取っていたのです。流通経路が整うにつれ、下肥問屋や下肥の小売商も出現しました。

何人もの店子《たなこ》を抱える大家《おおや》にとっては、その下肥はいい収入源になったそうで、大家と店子が排泄物の所有権をめぐって争うこともあったとか。また、上等な宇治茶を育てるには、この地区の下肥がよい、と特定して使っていたそうです。

排泄物まで？　と驚かれるかもしれません。究極のリサイクルですが、近代農芸化学の父と言われるドイツの大化学者リービヒは、下肥使用について、「土地をいつまでも肥えたままに保ち、生産性を人口の増加に比例して高めるのに適した比類のない優れた農法」と激賞しました。江戸の町を初めて見た西洋人は「こんなにきれいな都市はない」と驚いたそうです。

農作物をつくる農家は肥料を使い、肥料をつくるのはその農作物を食べる消費者だったのですね。現在の「アナタ、肥料をどこかから買ってきてつくる人。ワタシ、食べて下水に流す人」からは考えられない、消費と生産が持ちつ持たれつの関係だったからこそ、究極のリサイクルの環が回っていたのです。

もう一つ、リサイクルだけではなく、ものを大事にそのままの形で何度も使うことも江戸時代ではあたりまえに行われていました。江戸時代には寺子屋という庶民の子どものための学校がありましたが、ここで使う教科書は子どもの所有物ではなく、学校の備品でした。１冊の算術の教科書が１０９年間使われていた記録が残っています。

もちろん、このような形では、紙屋も印刷屋も製版屋も出版社も運送屋も儲かりませんから困ります。次々と新しいものを買ってくれないと、経済が発展しません。幕府が雇う大工の賃金リストを調べると、賃金が2倍になるのに200年かかっているので、ここから計算すると、経済成長率は年に0・3%ぐらいだそうです。

現在の経済成長率で測れば、江戸時代は、経済はあまり成長しなかった時代かもしれません。でも、ものを大切にすると停滞してしまう現在の経済社会システムのほうが正しいのでしょうか?

江戸時代の日本は、利便性を追求した大量生産・大量消費社会ではなく、限られた資源を最大限に活かして経済を維持し、文化を発展させた循環型社会の一つのモデルといえましょう。

●江戸時代のエネルギー事情

江戸時代の約250年間、日本の社会は太陽エネルギーだけで回っていました。植物は、水と酸素を使って、太陽エネルギーを枝や木、茎や実に変換します。「この1年に伸びた枝や植物や実をエネルギー源として使う」ということは、「この1年の太陽エネルギーを(植物という形で)使う」ということにほかなりません。ある年の生活必需品の約8割は、前年の太陽エネルギーでまかなわれていました。残りの2割のほとんども、過去3年間の太陽エネルギーが作り出したものです。過去2〜3年の太陽エネルギーだけでほぼすべてをまかなえた江戸文化は、持続可能な文化だったのです。

太陽エネルギーを利用して物資をつくり、さらにそれをリサイクルさせるための具体的な方法は、徹底した植物の利用でした。衣食住に必要な製品の大部分が植物でできていました。太陽エネルギーでまかなえなかったのは、石、金属、陶磁器などの鉱物でできたものくらいです。江戸時代の日本は、単なる「農業国」ではなく、あらゆる面で植物と共存し、植物に依存し、しかも植物を利用してすべてを生み出し、すべてを循環させる「植物国家」だった、と石川氏は述べています。

江戸時代の照明について見てみましょう。日本で商業的に発電所からの送電が始まったのは、1887年11月でした。石炭燃料による発電機が初めて動いたのです。それ以前の夜間照明は、国内でで

♪現在、日本のエネルギー効率についての論文を執筆中です。JFSのサイトにはとてもお世話になっています。(米国、研究機関)

きる油や蝋《ろう》を行灯《あんどん》や蝋燭《ろうそく》の形で燃やすものでした。

照明用の油は主に、ゴマやツバキの実、ナタネ、綿の実などから取っていました。クジラの捕れる土地では鯨油を使い、イワシが豊富に取れる地域ではイワシ油を使いました。油を絞った後の油粕《あぶらかす》は、良質の窒素肥料となります。一方、蝋は、ハゼやウルシなどの植物の実に含まれる脂肪分を絞り出してつくりました。蝋燭は手間のかかる方法でつくる高価なものだったので、灯した後の蝋燭のしずくを買い集めてリサイクルする業者がいたわけです。

このように、植物などに貯えられた過去1～2年の太陽エネルギーを、人力を使って絞り出し、光として使っていたのでした。

また、日本人の主食である米は、穀物として以外にも、脱穀した後に残る藁《わら》という重要な資源を生み出していました。稲作の副産物である藁は、米150キロ当たり124キロ前後取れます。昔は、衣食住の広い分野でさまざまに使われる貴重品でした。稲作農家では、収穫した藁の20％ぐらいで日用品をつくり、50％を堆肥にし、30％を燃料その他に使いました。燃やした後の藁灰も、カリ肥料となりました。つまり、100％利用し、すべてをリサイクルして大地に戻していたのです。

日用品として「衣」では、編笠や雨具である蓑《みの》、藁草履《わらぞうり》など。農家では農閑期に、自家用につくるとともに、売って現金収入源としました。「食」では、藁で米俵のほか、釜敷き、鍋つかみなどの台所用品をつくったり、納豆をつくる時に利用しました。また、牛や馬に食べさせたり、敷き藁として使い、排泄物から堆肥《たいひ》をつくりました。「住」でも、草屋根、畳、むしろ、土壁の材料など、あちこちに藁が使われていました。

藁以外にも、たとえば、衣料品は、絹や木綿、麻など、すべて畑でできるものが原材料でしたし、紙も楮《こうぞ》という木の枝を切って、その皮を紙に漉きました。また、古紙を集めてリサイクルする業者がたくさんいました。

JFSのニュースを授業で使っています。読んだ記事の現状を、実際に確かめるために日本に行ってみたいと思っています。米国はこの分野で遅れていて、悲しくなります。（米国、大学、女性）

暖を取るための火鉢やこたつに使う木炭、風呂を沸かすための薪などは、何年もかけて育てた森林を切ってつくるのではなく、次々に生えてくる雑木を利用していましたから、過去1～2年の太陽エネルギーが育てた範囲で収まっていました。

石川氏は、興味深い試算をしています。現在、日本の山林に生えている木を人口で割ってみると、1人当たり50トンになります。木の成長率は平均すれば年約5％ですから、それで計算すると毎年2・5トンの配当がつくことになります。この2・5トンの薪を燃やすと、約1000万キロカロリーです。

現在の日本人は、年に4000万キロカロリーを使っていますから、薪をエネルギーに使えばその4分の1をまかなえることになります。江戸時代の人口は現在の約4分の1だったので、現在の1人当たりのエネルギー消費量で計算しても、総エネルギーを薪でまかなえます。

ほとんどの動力源が人力だった江戸の人々は、現代人の何百分の1しかエネルギーを使っていなかったでしょう。また、江戸時代の森林面積は、現代よりも広かったので、木の成長量よりもずっと少ない使用量でエネルギーをまかなっていたと考えられます。

「大江戸プロジェクト」――海外からのフィードバックが生んだプロジェクト

毎月ニュースレターを出すたびに、海外からさまざまなフィードバックが寄せられます。しかし、石川英輔氏のご本を参考に、2回に分けて紹介した「江戸時代の日本は循環型社会だった」ほど、熱いメールをたくさんいただいことはありませんでした。

COLUMN

「江戸時代の持続可能性シリーズは、本当に素晴らしかった！　スゴイ研究をなさっているのですね！　本当にどうもありがとう。みんなに勉強してもらえるよう、このレポートをぜひ米国の日本大使館にも送ってあげてください」

「江戸時代の話にはワクワクしましたし、また示唆に富むものでした。持続可能な社会での暮らしとはどのようなものなのか、よくわかりました」

「本当に素晴らしい。とても多くのことを学ばせてもらっています。次の本を書く時に、使わせてくださいね！」

「日本の過去のリサイクルの歴史の話、本当に気に入りました。もっと読ませてください」

ほかにも「もっと詳しく知りたい」「石川氏の本は英訳されていないのですか？」等々たくさんいただいたメールに、「こんなに世界の人々に求められている内容を、もっとお伝えしたい！」と思い、石川氏に連絡をしました。

残念ながら英語の本は出されていないそうですが、ご本の1冊を独力で英訳された沖明さんという方がいらっしゃるとお聞きし、すぐに会いに行きました。沖氏は石川氏の江戸時代のご研究に感銘を受けて、「世界に伝えたい」と、お仕事のかたわら何年もかけて英訳をされたとのこと。「日本から世界へ発信したい！」という通じ合う思いに、とてもうれしくなりました。沖さんは「使えそうならどうぞ使ってください」と快くご自分の英訳ファイルを預けてくださいました。

そこでＪＦＳでは、事務局の池田恭子さん、英訳ボランティアの高橋彩子さんを中心に、「大江戸プロジェクト」を立ち上げました。英訳ボランティアや入力ボランティア、そして日本在住で「ＪＦＳの手伝いをしたい」と言ってくださっていたネイティブの方々にお願いして、沖さんの英訳を使わせていただきながら、日本の江戸時代の社会や暮らしを効果的に世界に発信しよう、というプロジェクトです。現在40人ものボランティアメンバーが章ごとに分担して、作業を進めています。ウェブには第1章の英語版がアップされており、作業の進行とともに拡充される予定です。

日本からの発信に、海外からフィードバックが届く。その熱い思いに動かされて動いてみると、新しいご縁につながり、「以前からＪＦＳを手伝いたかった」という方々にも支えてもらって、いっそうパワーアップした発信を日本から世界へ届けることができる……。

　こうして、世界との間と日本の中で、たくさんの思いが重なり交わされるといいな、と思います。ＪＦＳがその一つの「場」になっていることをとてもうれしく思うのです。

ていねいに生きたい。スローライフの広がり

●岩手県の「がんばらない宣言」

　岩手県の県庁職員の名刺の裏に、「何かしていなければ落ち着かない。常にがんばっていないと不安になる。そんなの変だぜ、現代人諸君」と書いてあって、びっくりしたことがあります。

　岩手県は、経済効率重視の価値観を転換しようと、２００１年に「がんばらない宣言」を出しました。「より人間的に、よりナチュラルに、素顔のままで新世紀を歩き始めましょう。それが岩手の理想とする『がんばらない』姿勢です。たとえば、深い森を伐って最先端デザインのビルを建てるのではなく、濃厚な森羅万象に調和した木づくりの民家を守ってこそ岩手らしいんじゃないか…そんな「共生」の意識こそが、岩手流『がんばらない』なのです」。

「がんばる」「がんばれ」は日本では非常によく使われる言葉です。岩手県の増田知事は、「『がんばる』という言葉は、日本の経済成長一辺倒の象徴です。『岩手はがんばりません』と宣言するということは、そのまま素直に言葉だけ取ると怠け者みたいに感じるけれど、じつはそうではない。むしろ自然

体に生きていこうという意識の象徴なのです」と説明しています。岩手県は、この「がんばらない宣言」を新聞広告で全国にアピールしました。これまでの経済効率重視の価値観を転換しようというキャッチフレーズには、日本全国から賛同の声が寄せられました。

これまでのように「効率」や「スピード」一辺倒ではなく、「ゆとり」や「生活の質」を求めようという自治体は、岩手県だけではありません。この1～2年、「スローライフ」を行政の理念として掲げたり、「スローライフ月間」などのイベントを開催したりして、住民の意識変革を促進するとともに、自らの価値観を転換しようとしている自治体が増えています。

●「スローライフ宣言 in 掛川」

その先駆的自治体の一つに静岡県掛川市の取り組みがあります。掛川市は１９７９年に全国の自治体で初めての「生涯学習都市宣言」を行い、生涯学習を柱にした人づくりや町づくりを積極的に推進してきました。二十数年にわたる生涯学習の取り組みの集大成として、「スローライフ」を新たな理念として打ち出しています。掛川市の榛村純一市長は前回の選挙時に「スローライフ」をアピールの中心に据え、再選を果たしています。

「スローライフ宣言 in 掛川」をご紹介しましょう。

20世紀後半の日本は、「早く、安く、便利、効率」を追求し、経済的に繁栄しましたが、人間性喪失や地域の荒廃、環境汚染をもたらしました。

そこで21世紀は、大量生産・大量消費の急ぐ社会から、ものと心を大切に、急がない社会に移行し、「ゆっくり、ゆったり、ゆたかな心で」という「スローライフ」をキーワードにしたいと考えました。

人間は、平均寿命を80歳とすると、時間にして70万８００時間、生きています。このうち勤務労働時間は、四十数年として７万時間、あとの63万時間は、睡眠の23万時間のほかに食事や勉強や余暇で過ごします。今までは、7万時間の労働を中心に、会社人間的に生活してきましたが、これからは63万時間を、いろいろなスロー主義で暮らし、真の安心と幸せを得ていきたいのです。

このスローライフの実践運動は、次の八つのテーマ・区分によって展開されます。

1「スローペース」という歩行文化で、健康増進し、交通事故をなくします。

2「スローウエア」という伝統織物、染め物、和服、浴衣など美しい衣服を大事にします。（衣）

3「スローフード」で、和食や茶道など食文化と地域の安心な食材を楽しみます。（食）

4「スローハウス」という、100〜200年もつ木と竹と紙の家を尊び、物を長持ちさせ、自然環境を守ります。（住）

5「スローインダストリー」という農林業で、森林を大切に、手間ひまかけて循環型農業を営み、市民農園やグリーンツーリズムを普及します。

6「スローエデュケーション」で、学歴社会をやめ、一生涯、芸術文化や趣味・スポーツに親しみ、子どもに温かく声かけする社会をつくります。

7「スローエイジング」で美しく加齢し、一世紀一週間人生（100歳元気に生きて、寝込んだら1週間でサヨナラする人生）の終生自立をめざします。

8「スローライフ」で、1から7のことを総合した生活哲学により、省資源、省エネを図り、自然や四季とともに暮らします。

また、日本全国の市や町で「スローライフ」を行政の理念として掲げている20自治体が集まり、03年8月24日に岐阜県岐阜市で「スローライフサミット」を開催し、「人生をていねいに味わうことのできる町をめざそう」と「スローライフ町づくり 岐阜宣言」を採択しました。このサミットでは、ス

JFSの情報を楽しみにしています。日本のことをよく知っていれば、日本人が文明との共存に関心が高いのは当然のことだと思いますよ。（ブルガリア、研究機関）

ローライフの先進的な取り組みを紹介し、昼食は伝統食材を使った弁当「岐阜弁」を囲んで食談議を楽しんだそうです。スローライフサミットは、今後各地持ち回りで継続していく予定で、04年度は石川県金沢市で開催される予定です。

高度経済成長の後遺症や長引く不況から「本当に大切なものは何なのか?」という問い直しが広がっている日本では、イタリアから始まったスローフード運動は、競争や効率やスピードより、じっくりゆっくり本当に幸せな暮らしを送りたい、という「スローライフ」の盛り上がりにつながっています。これまでの大量生産・大量消費・大量廃棄の時代から、循環型で「足るを知る」持続可能な社会へ転換していく、一つの動きだと考えています。「あの経済大国、あの経済効率至上主義の日本が?」と思われるかもしれません。それだけに、「スローライフ」や「がんばらない」の今後の展開と広がりから、目が離せません。

♪コンピューター回収に関する記事を興味深く拝見しました。アフリカの貧しい若者の支援策として再生コンピューターを使う計画に応用したいと思っています。(エチオピア、その他、男性)

データが示すホントのところ

日本の環境プロフィール

6

木材輸入量世界一、二酸化炭素排出量世界第4位、石油輸入依存率100％、原子力発電所53基……この章では、ふだんあまり目にすることのない環境データを集めてみました。さて、あなたの日本は地球にやさしいですか？

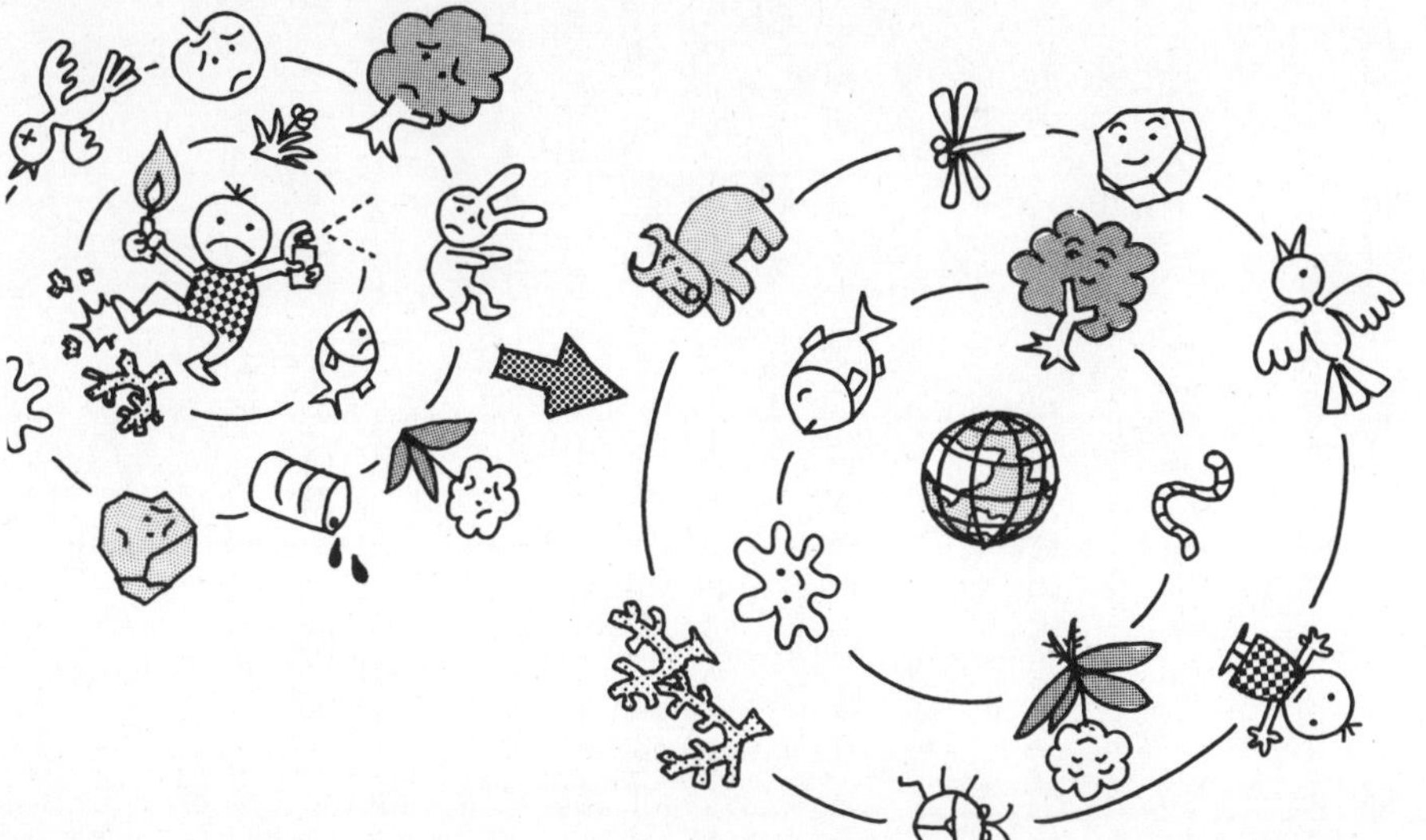

人間中心から地球環境中心へ

地球温暖化と日本

私たちが直面している地球環境問題の中でも、最も切迫した問題の一つが地球温暖化です。希少な動植物を守ろうと保護区や条例を制定しても、温暖化がもたらす異常な気候や天候、温度上昇による生態系の変化が進行すれば、その生物を守ることはむずかしくなるでしょう。温暖化は、地球システム全体に影響を及ぼす問題なのです。

日本では近年異常に暑い夏が続いています。各地から「これまで南方にしかなかった種が自生するようになってきた」「シロアリが北上している」などの報告が出ています。1997年に気候変動枠組み条約の第3回締約国会議が日本の京都で開催されて、京都議定書が成立したこともあり、日本人の多くが「温暖化問題」を意識しています。

2001年のデータによると、日本は12億9900万トンの温室効果ガス（二酸化炭素換算）を排出しています。内訳は二酸化炭素が93・7%、一酸化窒素2・8%、メタン1・7%となっており、世界全体の内訳（二酸化炭素が60%、メタン20%、一酸化窒素6%、フロン・ハロン14%）と比べると、二酸化炭素の比率が非常に高いことが特徴です。

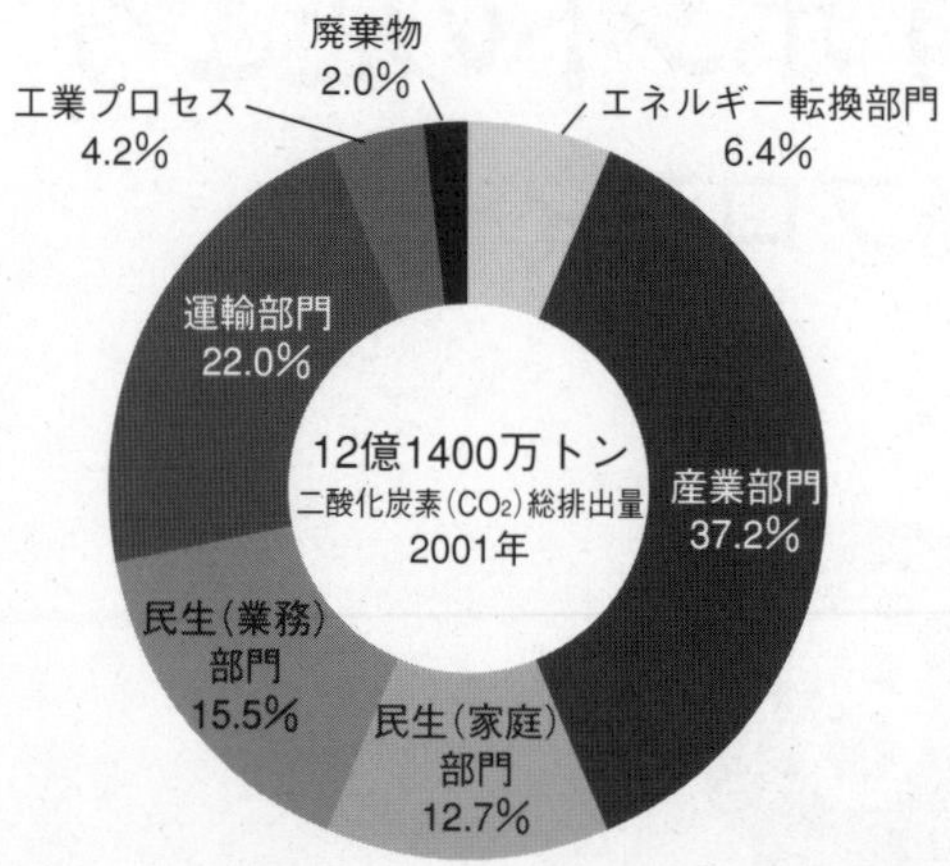

図6-1　日本の部門別二酸化炭素排出量の割合（2001年）（出典：全国地球温暖化防止推進センター）

世界全体のデータ（2000年）で見ると、日本の二酸化炭素排出量は、世界全体（約230億トン：二酸化炭素換算）の5％を占め、アメリカ、中国、ロシアに次いで、世界で4番めの排出国となっています。国民1人当たりの二酸化炭素排出量は、アメリカ、オーストラリア、カナダ、ロシア、ドイツ、イギリスに次いで、世界第7位です。

日本の2000年の二酸化炭素排出量は90年に比べて8％増えており、1人当たりの排出量も5％増加しています。

図6-1は、日本の二酸化炭素排出量の部門別内訳（01年）を示しています。90年に比べると、産業部門に比べ、運輸部門と民生部門の増加率が大きくなっています。特に近年民生部門が増大している理由としては、OA機器の増加や、世帯数の増加、家電製品の保有率増加があげられます。

日本は03年5月に京都議定書を批准しました。政府は、97年10月に内閣総理大臣を本部長とする地球温暖化対策推進本部を設置し、98年6月に「地球温暖化対策大綱」を決定。02年3月に新たな大綱が決定され、それに基づいて、さまざまな施策の体系を作っています。

環境税の導入についても、政府の議論が始まりました。法規制や税改革を含む制度の変更など、今後さまざまな動きが出てくるでしょう。

また、温暖化対策に積極的に取り組む地方自治体も増えています。

カテゴリー	地球温暖化
プレーヤー	政府

- 内閣府、地球温暖化対策技術戦略プロジェクト
- 政府、最初のJI、CDM案件を承認
- 「地球環境保全」の予算案、地球温暖化対策が9割
- 環境省、「家庭でできる10の温暖化対策」を作成
- 環境税、2005年度にも導入
- 林野庁、CDM植林ヘルプデスクを設置
- 経済産業省、「カーボンファンド」設立を支援
- 気象庁の2004年度予算概算要求　気候変動・地球環境対策で2億800万円

（全68件より抜粋　2004年2月現在）

カテゴリー	地球温暖化
プレーヤー	地方自治体

- 「やまがた夏のエコスタイル・キャンペーン」
- 川口市、エコライフデーの取り組みで二酸化炭素排出量を23％削減
- 横浜市、100基のソーラー・省エネ照明灯設置を決定
- 長野県、温暖化対策推進で「六つの募集」
- 三重県の約30社、温室効果ガス排出量取引シミュレーション
- 和歌山県の県立学校、CO_2削減したら予算ゲット
- 京都市、地球温暖化防止条例（仮称）制定へ

（全29件より抜粋　2004年2月現在）

日本でのゼロエミッションの取り組みを読みました。すごいですね。このプロジェクトの投資回収率に興味のある読者も多いと思いますよ。（米国、企業、男性）

産業界でも「エコ（環境に優しい）なことはエコ（経済的に見返りがある）」「環境への取り組みを競争力の源泉に」という企業の取り組みが増えてきました。たとえば、リコーは、現在までに90年比の二酸化炭素排出量を9・8％削減しており、10年には13％削減をめざしています。リコー代表取締役会長の浜田広氏は「省エネによる経費削減効果が数年前から出て、業績に貢献し始めた」と語っています。

このように「経済か環境か」という20世紀型思考ではなく、「経済のためには環境」という新しいスタンスでの自治体や企業の取り組みが次々と始まっており、目が離せません。

日本の水資源

モンスーンアジアに位置する日本には、世界の平均降雨量の2倍近くの雨が降ります。人口が多いので、１人当たりの降雨量は世界の5分の1と言われます。年平均降雨量は１７１８ミリですが、近年小雨化傾向が見られます。

１９９９年度の「日本の水資源」（国土交通省水資源部）によると、日本の年平均降雨総量は６５００億立方メートルで、蒸発散量が２３００億立方メートル、理論上人間が最大限利用可能な水資源賦存量は４２００億立方メートルです。年間使用量の８７０億立方メートルのうち、農業用水に62％、工業用水に11％、生活用水に15％が使われています。

75年以降の統計を見ると、水使用総量は約2・4％増えていますが、内訳を見ると工業用水は49％減少しています。その一方で、生活用水は75年に比べ約4・6倍に増加しています。

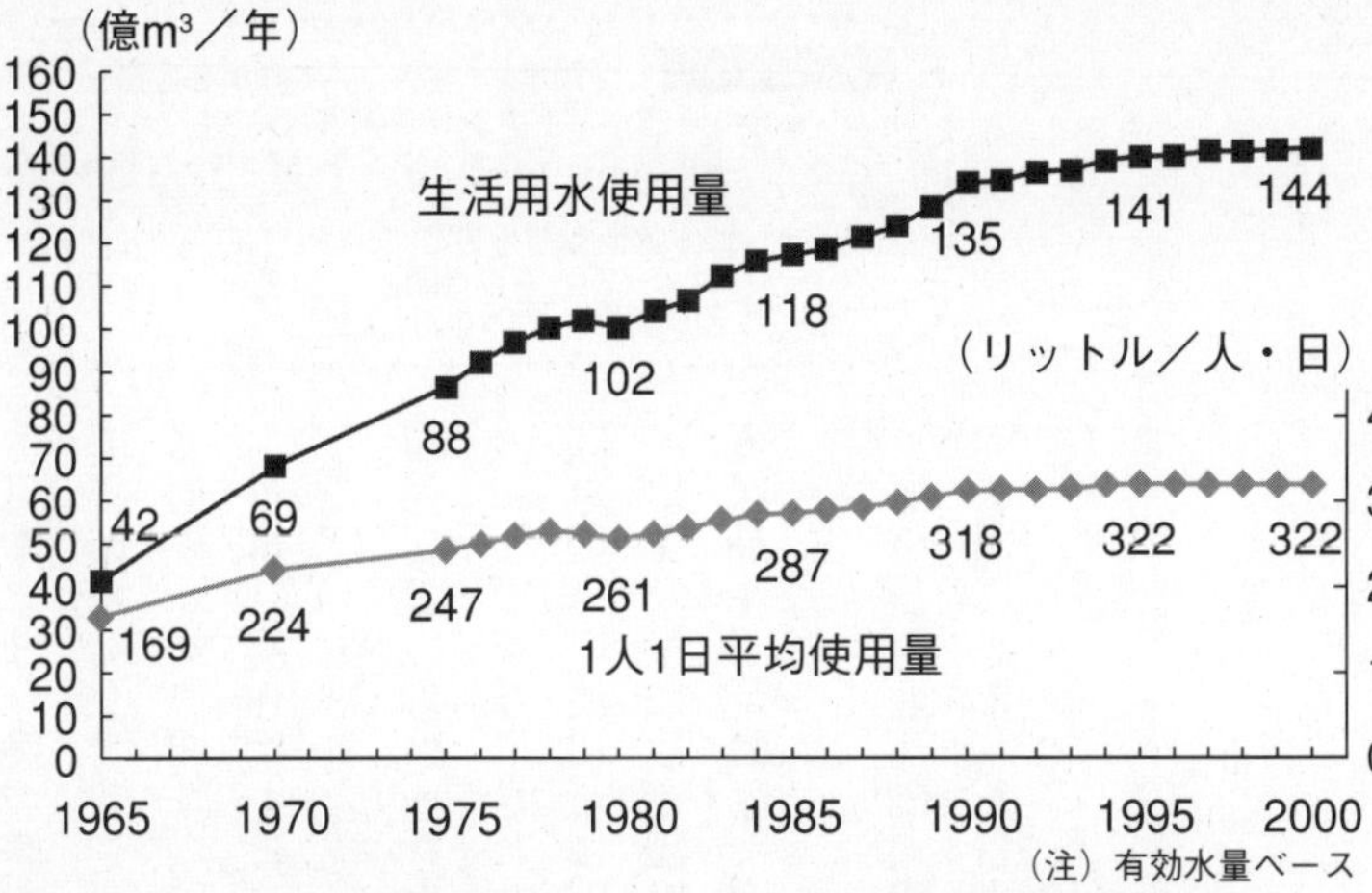

図6-2　生活用水使用量の推移（出典：国土交通省「日本の水資源」）

２０００年の生活用水使用量は約１４４億立方メートルで、１人１日平均使用量は、３２２リットルとなります。65年に比べると、生活用水の総使用量は約３・４倍に増加しており、１人１日平均使用量も2倍近くに増えています。（図6-2）

家庭生活では、風呂、トイレ、炊事、洗濯の順で水を使っています。

日本では、94年に異常渇水が起き、西日本を中心に大きな問題となりました。また、ダム建設に伴う環境破壊にも注目が集まるようになっています。内閣府の01年の「水に関する世論調査」によると、断水や給水制限を受けた経験のある人が約40％にのぼるなど、渇水や災害時の水供給への関心が高まっています。節水を実践している人の割合がこの15年間で約30％も増えていることからも、節水意識が高まっていることがわかります。また、雨水や再処理水の利用を望む人が約75％、「個人負担が伴っても家庭に導入してもよい」が約36％と、水の有効利用に対する意識も高いことがわかります。具体的には、蛇口に節水コマを付けて流量を減らしたり、風呂の残り湯を洗濯や庭の水撒きに使うなど、家庭内の節水や水の有効利用を行っている人が増えています。

日本では、60年代から70年代にかけて、工業発展に伴う地下水の過剰な汲み上げにより、各地で地盤沈下が深刻な問題となりました。その後、地下水の汲み上げを規制する条例その他が整備され、地盤

高度な文明と文化を持ち、勤勉で謙虚な日本人は世界のモデルです。でも一つだけ、割り箸の使い捨て文化を継続していることには苦言を呈します。再生リサイクルを進めてください！（不明）

キーワード　「節水」「雨水」いずれかを含む
・大和市の小学校、雨水タンクで環境教育
・ブドウの里山梨で、ワインタンクを再利用した家庭用雨水タンク広がる
・福岡市、節水推進条例を制定
・INAX、『節水ESCO』事業を開始
（全11件より抜粋　2004年2月現在）

沈下はほぼ収まりました。

日本では今後、農業用水の効率的な利用や、一般家庭やオフィスでの節水をいっそう進める必要があります。それとともに、日本が世界の水状況に大きな影響を与えている問題をも考える必要があります。

日本は農作物をはじめ、工業製品、木材などの多くを世界中の国々から輸入しています。たとえば、総務省の統計によると、02年の日本の小麦の自給率は11％、大豆は5％です。日本が輸入している小麦を生産するために必要な水は11億立方メートル、大豆は20・4億立方メートルに上ります。農作物の輸入だけで、世界の水を年間約50億立方メートル（日本の総人口の約3分の1の使用量に匹敵）使っていることになると言われます。

水を大量に使う繊維製品も、全需要量の60％以上を輸入に頼っており、日本が輸入している食料品や工業製品などを生産するためには、約400億立方メートルの水が必要だと試算されています。

雨をどのように大切に使うかは日本にとって重要な問題です。しかし、世界の他の地域に比べて雨に恵まれた日本が、食糧の60％（カロリーベース）や木材の80％以上を輸入に頼っていることは、世界にとっても重要な問題です。自国の自給率を高めることで、農作物や木材などに形を変えた他国からの「水の輸入」を減らしていくことも、水問題に関する重要な課題なのです。

東京に住んでいたことがあります。地球環境のために日本が行っている取り組みを誇りに思い、また興味深く思います。（米国、女性）

COLUMN

節水コマ

ひねるタイプの水道の蛇口内に通常入っているコマを取り外し、代わりにつけるパッキンが特殊な形をしたコマ（写真6-3）のことで、水量を抑える効果があります。節水コマは洗面所や台所など水を流し洗いしがちな場所で効果を発揮し、1分当たり約6リットルの節水が可能です（この値は水栓の開き度合によって違ってきます）。（図6-4）

1978年、福岡県福岡市は異常渇水を経験し、全国に先がけ節水コマが一般家庭へ普及しました。現在は、福岡市に限らず全国の自治体で、無料配布している所も多くなっています。また、DIYショップやホームセンターでも100~200円ほどで販売されています。節水コマをつけると、初めは水量が少ないため水の勢いも弱くもの足りなく感じられますが、じきにその水量で十分だとわかります。

この節水コマをつけることができるのは昔ながらのひねるタイプの蛇口で、最近普及しているレバー式の蛇口には使うことができません。レバー式蛇口は操作が簡単なため、ひねるタイプのものよりは止水しやすいのですが、どちらの場合も、節水の意識がポイントになりますね。

写真6-3　節水コマ

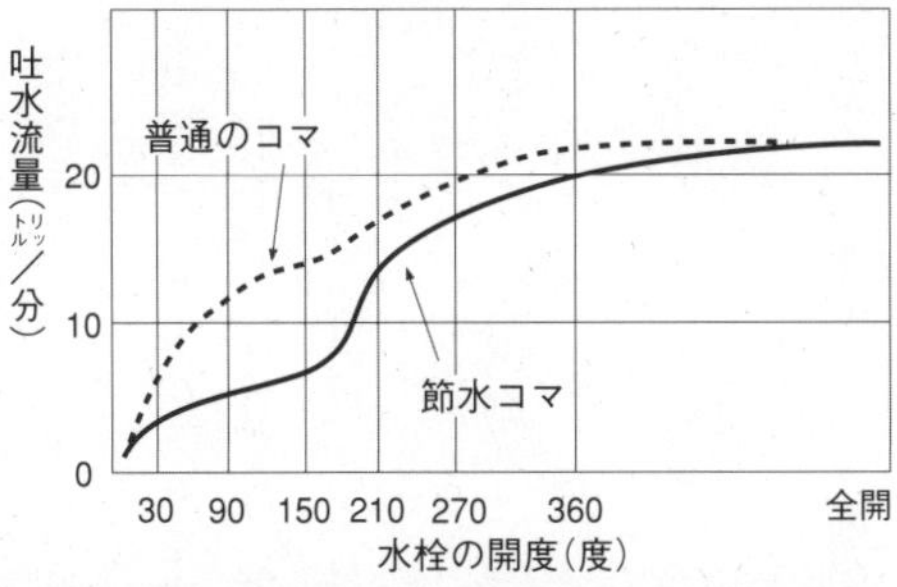

図6-4　節水コマの効果（出典：東京都水道局）

工業用水道の果たしてきた役割

日本には、産業活動に欠かせない水を安定的・計画的に供給するための水供給システムがあります。世界にもあまり類を見ない「工業用水道」です。工業用水道とは、工場などで工業用に使用される水を供給する水道で、上水道に比べると簡略な浄水処理で供給しているため、その分安価に抑えられます。

工業用水道は、1950年代以降の高度経済成長の大きな原動力となるとともに、地盤沈下や地下水塩水化対策としても、重要な役割を担ってきました。

2000年現在、工業用水の水源別構成比を見ると、工業用水道が最大の水源となっています。現在、全国で144事業体（うち二つは民間）が244の工業用水道を運営しています。

工業用水を供給する事業体は、都道府県をはじめ市町村など地方自治体が多く、湖やダム、河川などから取水した水を簡易処理して、工業地帯に送っています。水質は、ろ過と滅菌をしないことを除けば、飲料用の上水とほぼ同じです。工業用水の歴史は、37年に神奈川県川崎市が地下水位の低下対策のために公営工業用水道での水供給を開始した時にさかのぼります。以来、多くの自治体が工業用水道を建設するようになりました。56年には工業用水法が制定され、工業用水道事業に対する国庫補助制度が創設されました。58年には工業用水道事業法が制定され、その基盤整備が進められました。

50年代前半から工業が盛んになるにつれて、工業用水として地下水を過剰に揚水した結果、地盤沈下の問題が各地で生じました。そこで、工業用地下水の採取規制を行うとともに、工業用水道の整備が進められました。

たとえば、東京都では60年代前半には、年間10～13センチも地盤沈下が進んでいましたが、工業用水道の水供給量の増加とともに、地下水揚水量は激減し、70年代にはほぼゼロとなりました。それとともに地盤沈下も収まりました。各地でも同様に、大きな社会問題だった地盤沈下の問題が、70年代に緩和されたのです。

このように地盤沈下を抑えながら工業発展に役立ってきた工業用水道ですが、現在では、その需要が伸びていないため、工業用水のほかに雑用水として、ビルや集合住宅のクーリングタワーの冷却用水やトイレ用水、公園や緑地、ゴルフ場への散水、タクシーや清掃作業車などの洗車用水などとしても使われるようになってきました。

工業用水道の需要が伸びていない理由は、工業用水における回収率（工業用水使用水量に対する回収水量の割合）が、65年の36％から、01年には79％にまで上昇していることです。このため、工業用水として新しく淡水を取水して補給すべき量を抑えることができているのです。

65年から現在まで、日本の工業生産高は5倍にもなっていますが、この間、工業用に新しく取水する淡水使用量は増えていません。工業生産高当たりの淡水使用量は5分の1に減っています。工業用水の点から言えば、「より少しのもので、より多くを生み出し」ながら、日本は高度成長を遂げることができたのです。

エネルギーの現状〈需要〉

（1）最終エネルギー消費量

エネルギーは、たとえば石油から電力を作り出す時のように、エネルギーの種類を変えるために使

♪環境で最も進んでいるというドイツでも、JFSのような取り組みがありますか？　世界中の「各国からの情報発信」リストを送ってくれませんか？（米国、男性）

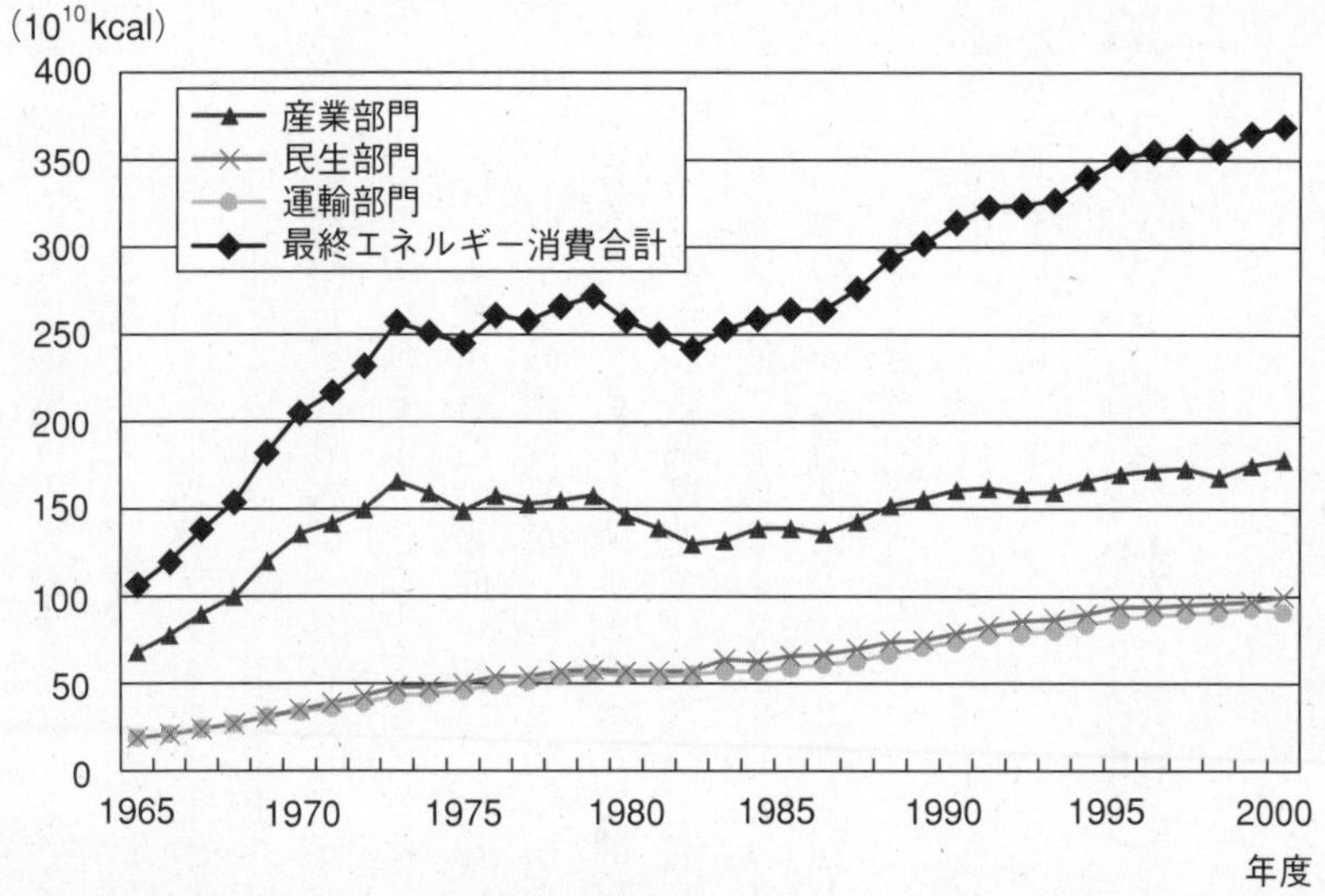

図6-5　最終エネルギー消費量の推移(出典:「エネルギー・経済統計要覧(03年版)」)

われることもありますが、最終的に実際に消費されたエネルギーを「最終エネルギー消費量」と言います。「実際にどのくらいのエネルギーを使っているか」はこの最終エネルギー消費量を見ます。

日本の最終エネルギー需要は、1973年には2億8500万キロリットル（原油換算）だったのが、90年には3億4900万キロリットル、2000年には4億500万キロリットルとなっています。2度の石油危機直後を除いて、景気にかかわらず、一貫して増加していることがわかります。国民が便利で豊かなライフスタイルを求めることなどがその原因と考えられています。(図6-5)

（2）GDP当たりのエネルギー消費量

なお、国内総生産（GDP）当たりのエネルギー消費量は、73年を100とすると、2度の石油危機などをきっかけに、80年代に65ぐらいまで下がり、その後微増し、2000年は67です。

国内総生産（GDP）当たりのエネルギー消費量を、1次エネルギー総供給量（石油換算億トン）／為替換算による国内総生産（1兆米ドル、95年価格）で比較すると、日本の省エネは世界の中では高い水準にあることがわかります。(図6-6)

（3）部門別最終エネルギー消費量と推移

最終エネルギー消費を部門別に見ると（01年）、産業部門の割合が46％と大きくなっています。民生部門が27％、運輸部門が25％です。73年を100とした時の部門別最終エネルギー消費は、01年の時点で図6-7のようになっています。中でも、家庭部門と旅客部門の伸びが著しいことがわかります。

（4）民生・家庭部門のエネルギー種別の消費量の割合と用途

伸びの著しい民生・家庭部門をエネルギー種別の消費量の割合で見ると、特に電気の伸びが著しいことがわかります。

家庭のどこで電気を使っているのでしょうか？ 01年の構成比を見ると、家庭内で電気消費の多いのは、冷蔵庫や照明などです。また、家電製品の普及と大型化・高性能化に伴い、家庭での電力消費がどんどん増えています。（図6-8）

（5）運輸・旅客部門の輸送機関別エネルギー消費量の推移

同じく伸びの著しい運輸・旅客部門を、輸送機関別エネルギー消費量の推移（73年～01年）で見ると、営業用乗用車、バス、鉄道などはほとんど変わっていませんが、自家用乗用車のエネルギー消費量は約3・3倍に増加しており、旅客部門のエネルギー消費量増加の大部分が、自家用乗用車によるものであることがわかります。同時期に、旅客用と貨物用をすべて含めた自動車保有台数は、73年の2500万台から01年の7300万台へ、3倍近く増加しています。また、航空の消費エネルギーは旅客部門の約7％しか占めていませんが、73年から01年の間に3倍に増えています。

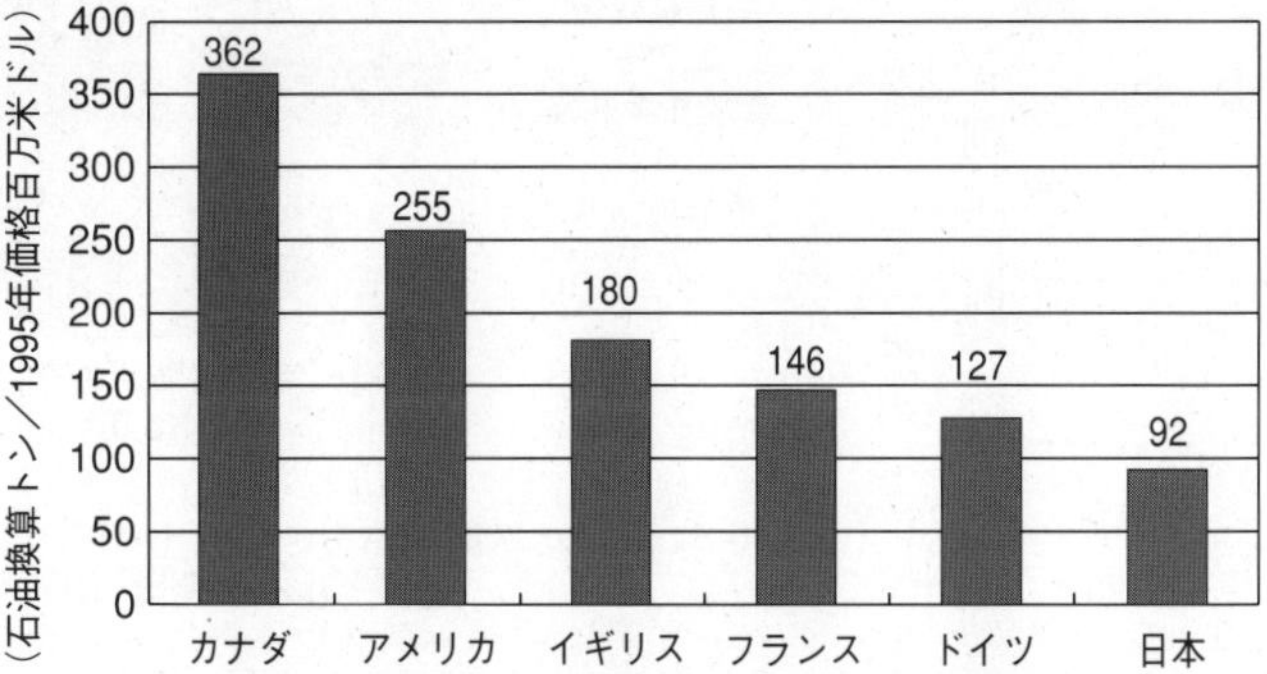

図6-6　国内総生産（GDP）当たり1次エネルギー消費量
（出典：「エネルギー・経済統計要覧（03年版）」より作成）

新聞のコラムを書いています。JFSからの情報をコラムで使わせてもらおうと思います。（米国、マスコミ、男性）

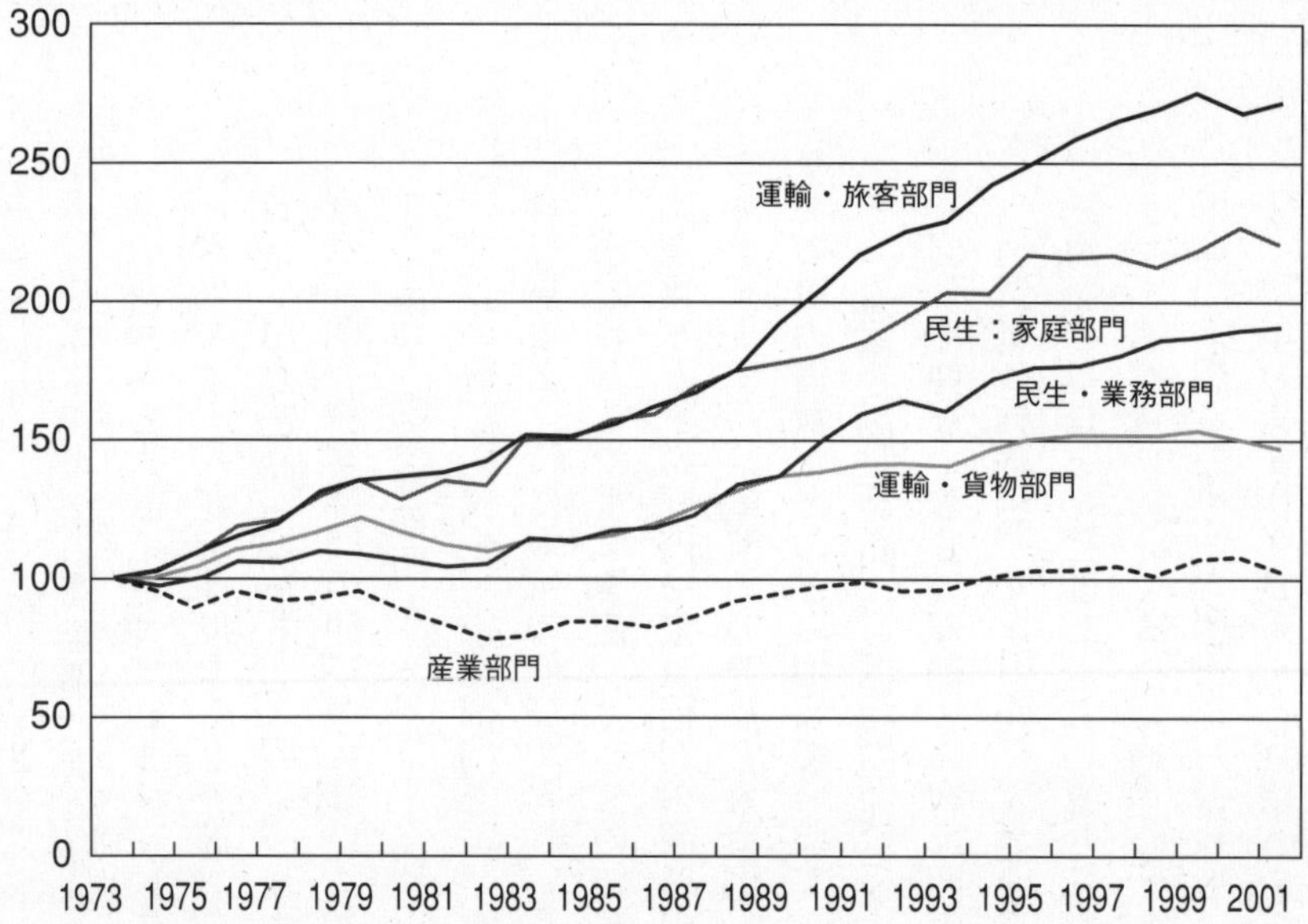

図6-7　1973年を100とした時の部門別最終エネルギー消費
（出典：「エネルギー・経済統計要覧（03年版）」より作成）

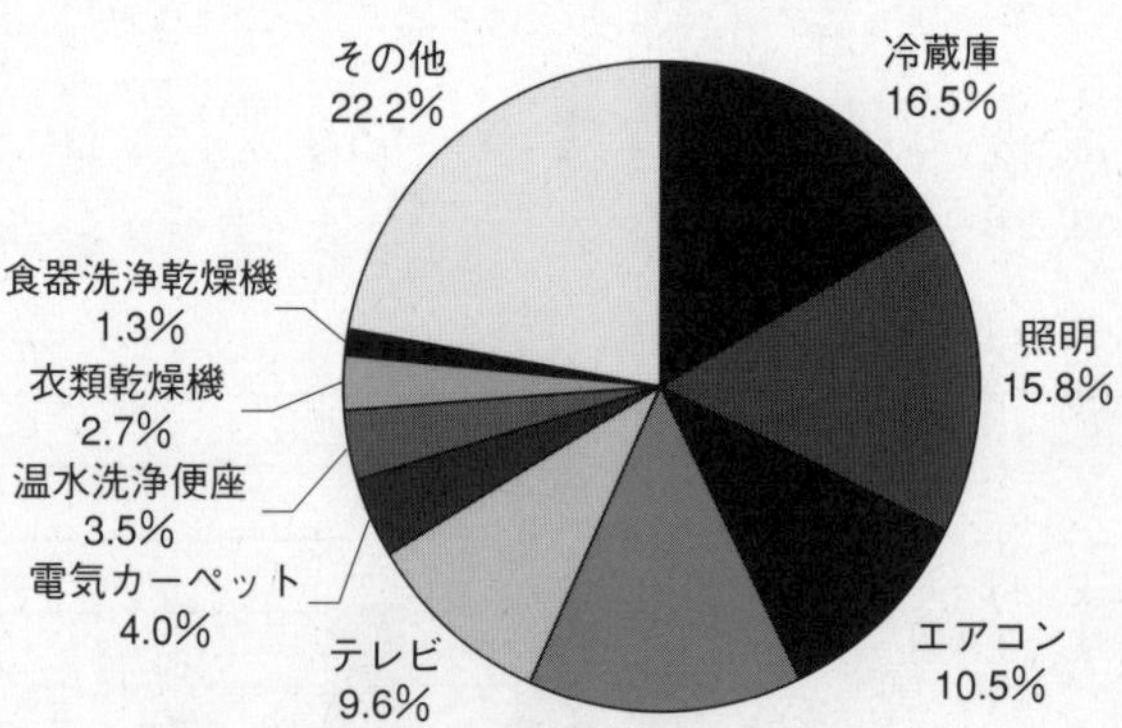

図6-8　電気の家庭内消費の構成比（2001年）
（出典：「省エネルギー便覧（03年版）」より作成）

政府は、京都議定書で約束した90年レベルに比べて６％の温室効果ガス削減に向けて、温室効果ガスの種類ごとに対策を立てています。02年３月に改定された『地球温暖化対策推進大綱』では、エネルギー起源の二酸化炭素を「１９９０年レベルに抑制することを目標」とし、「省エネ」「新エネ」「燃料転換」

「原子力の推進」を取り組みの柱と位置づけています。
エネルギー需要面での二酸化炭素排出削減対策としては、「最大限の省エネルギーを図ること」としていますが、特にエネルギー消費が大きく増加している民生部門では、各種機器の効率改善の強化、エネルギー管理の徹底、住宅・建築物の省エネルギー性能の向上などを強化するの対策を、また運輸部門については、自動車交通対策、トラック運輸の鉄道・船舶への切り替え（モーダルシフト）、物流の効率化、公共交通機関の利用促進などの対策の充実・実施を掲げています。「地球温暖化対策推進大綱」では、これらの需要面での対策により、10年までに、原油換算で約5700万キロリットルの削減を見込んでいます。

キーワード　**省エネ**

- 東京の環境NPOが買い替えモニター事業開始
- 地熱で教室の冷暖房を
- 資源エネルギー庁、省エネルギー型製品販売事業者の評価制度を
- 阪大、ナノテクで熱の出ない白熱電球を開発中
- 東京ガス、ビルエネルギーデータ管理サービス「TGグリーンモニター」を開始
- ノンフロン冷蔵庫 省エネも実現
- マツダ、摩擦熱によるアルミ材接合技術で使用エネルギーを99％削減
- ESCO事業、省エネ目標達成の見込み
- 石油化学コンビナートで省エネ事業

（全44件より抜粋　2004年2月現在）

カテゴリー　**「交通」**

- 国土交通省、次世代エコ船開発など推進
- 福岡県久留米市で自転車利用環境整備基本計画まとまる
- 長野市で「みどりの自転車」の人気が広がる
- CO_2削減に関するWWFと佐川急便のパートナーシップ発足
- 4省庁が第一回「エコドライブ普及連絡会」を開催
- 省エネ運転で年間1万8000円も「お得」に！
- JAF、エコ・ドライブの宣言50万人を突破
- 近江鉄道、エコドライブ推進運動で、二酸化炭素を削減

（全93件より抜粋　2004年2月現在）

省エネルギーに関する詳しい国の方針や政策は、資源エネルギー庁のホームページなどに掲載されています。また、78年に設立された財団法人省エネルギーセンターでは、「工場の省エネ」「ビルの省エネ」「生活の省エネ」「交通の省エネ」「省エネラベル」や、その他さまざまな情報や取り組み事例を提供し、指導を行っているほか、メールによる省エネ相談も受け付けるなどして、省エネ活動を促進しています。また、自治体や企業などあらゆる分野で運輸部門の省エネの取り組みが進められています。

政府が「先進的省エネルギー機器開発、省エネルギー設備などへの投資を通じ新たな経済成長がもたらされることにより、環境と経済の両立をめざすことが可能」と

♪ ニュースレターをありがとう。持続可能な世界のために企業が進んだ取り組みをしているのは素晴らしいです。ぜひもっといろいろな取り組みや活動について知りたいと思います。（米国、女性）

後押ししている一方、民間部門ではコスト削減などをめざした自主的な取り組みが、今後も広がり進んでいくことでしょう。

エネルギーの現状〈供給〉

最終エネルギー消費をまかなうために投入されたエネルギーを「1次エネルギー供給」と呼びます。日本の1次エネルギー供給は、1965年から2001年の間に約3倍に増加しています。エネルギー源別では石油が最大のエネルギー源となっていますが、その100％を輸入に頼っており、現在、その約8割が中東からの輸入となっています。

日本のエネルギー供給のうち、地熱や国産の石炭・天然ガス、新エネルギーなどの占める自給率は、60年には約56％でしたが、70年には14％、80年には6％、90年には5％、99年には4％と激減しています。自給率に原子力も含めた場合は、70年に15％、80年に12％、90年に17％、99年に20％程度となります。

発電電力量は、73年の3790億キロワット時から、90年には7380億キロワット時、2000年には9400億キロワット時へと伸びています。発電電力量の電源別割合は、この30年あまりに大きく変化しています。(図6-9)

日本での商業用原子力発電が始まったのは、66年7月でした。その後、原子力発電は着実な伸びを示し、02年8月現在、運転中の原子力発電所は53基、発電設備容量は4590・7万キロワットとなっています。また、4基（合計出力411・8万キロワット）が建設中で、さらに8基が建設準備中

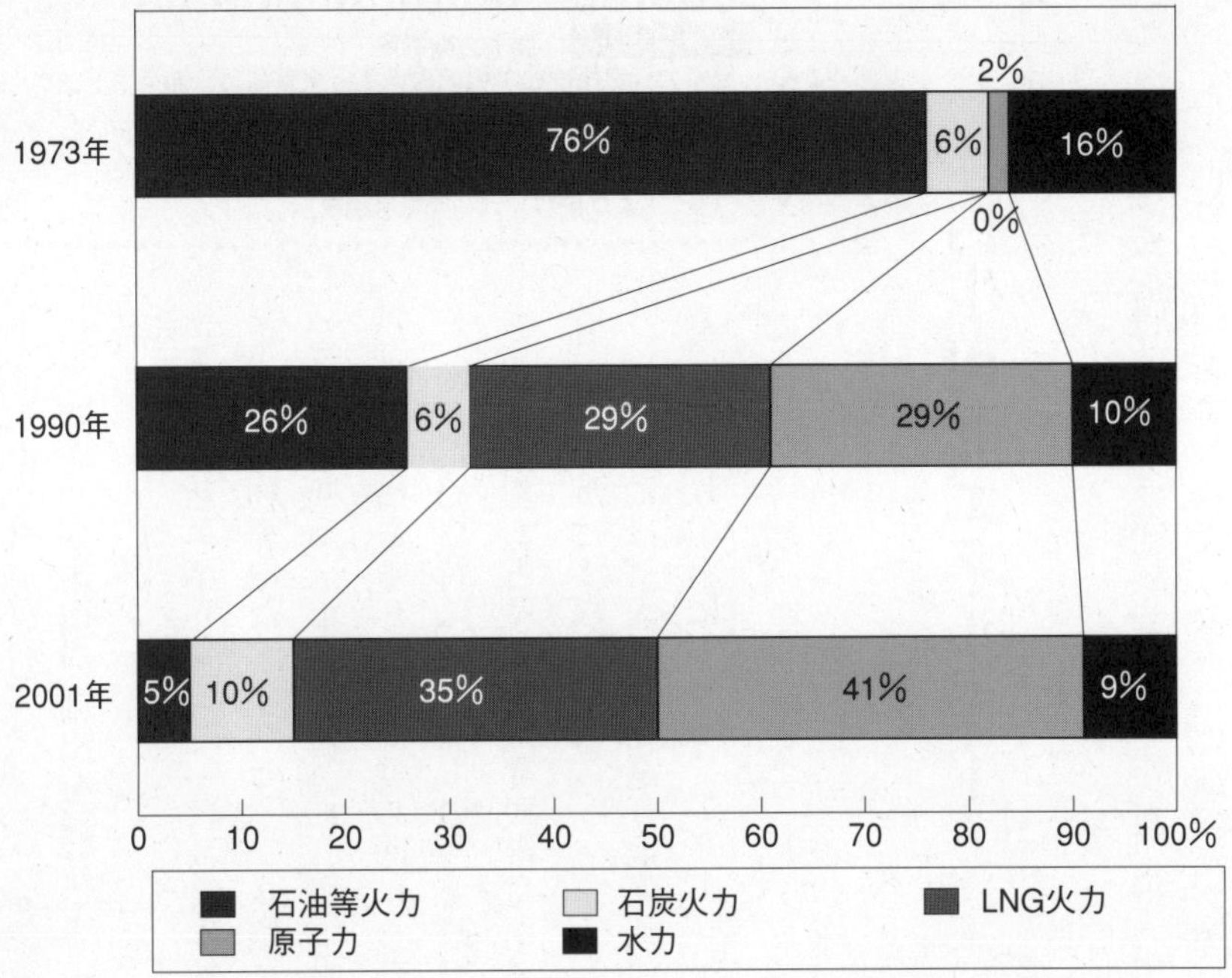

図6-9　発電電力量の電源別割合の推移（出典：「エネルギー・経済統計要覧（03年版）」より作成）

の段階です。02年夏に、東京電力の原子力発電所の点検・補修業務に関して、事実隠しや記録の修正などの不適切な取り扱いがあったことがわかり、点検を行うため全17基を止めました。その後、一部運転が再開され、04年3月12日現在、15基が停止中です。

「地球温暖化対策推進大綱」に「今後2010年度までの間に、原子力発電電力量を2000年度と比較して約3割増加することをめざした原子力発電所の新増設が必要である」とあるように、政府は「原子力の推進」を取り組みの主要な柱の一つと位置づけています。しかし、原子力の安全性や核廃棄物の問題、地震の原発への影響（日本は地震国であり、発生が予想されている東海地震などで影響を受ける場所に立地している原発もあります）などに危機感を持つ市民などの強い反発を受け、立地確保や建設は予定どおり進んでいません。原子力発電所の計画を中止する事例も出てきています。

一方、現在は1次エネルギー総供給量に占める割合が1％台に過ぎない「新エネルギー」は、「長

♪ JFSの立ち上げ、おめでとう！　情報を楽しみに待っています。教えているMBAのクラスで使おうと思います。（米国、大学、男性）

期的には日本のエネルギーの一翼を担うことをめざす」と位置づけられています。また、新技術の開発や新市場の創出を通じて、経済の活性化や雇用創出にもつながると期待されています。

この「新エネルギー」とは、日本独自の定義で、太陽エネルギーや風力などの自然エネルギー、廃棄物発電などのリサイクル型エネルギー、燃料電池や天然ガスコージェネレーションなどの従来型エネルギーの新しい利用形態を指します。新エネルギーは、「技術的に実用化段階に達しつつあるが、経済性の面から普及が十分でないもので、石油に代わるエネルギーの導入を図るために特に必要なもの」と政策的に定義されたものです。そのため、実用化段階に達した水力発電などや研究開発段階にある波力発電などは、自然エネルギーであっても新エネルギーには指定されていません。

具体的には、太陽光発電、太陽熱利用、風力発電、バイオマス発電、燃料電池、廃棄物発電などの取り組みによって、2010年度までに1910万キロリットルの新エネルギー導入をめざしています。

キーワード　原子力発電所
・原子力発電所問題で供給力低下、東京電力、節電キャンペーン
・電力会社3社、珠洲原子力発電所計画を断念へ
・日本の核燃料サイクルの総費用、約19兆円
（全5件より抜粋　2004年2月現在）

再生可能エネルギー

政府は1994年に「新エネルギー導入大綱」を策定しました。この大綱は2001年に見直しが行われ、新エネルギーの導入促進のための具体的方策と、10年までの導入目標値が示されています（表参照）。

以下は、足利工業大学の牛山泉教授による日本の再生可能エネルギーの現状です。日本政府は、73年の第1次オイルショックの翌年1974年に、「サンシャイン計画」と名づけられた新エネルギー計画を策定し、2000年までの長期間にわたる、クリーンなエネルギー供給のための総合的、組織的な研究開発を開始しました。

(1) 太陽熱利用

通産省（当時）はサンシャイン計画の初めに、太陽光を集光して蒸気を発生させ、蒸気タービンを駆動して発電を行う太陽熱発電を取り上げ81年には香川県仁尾町に、タワー集光方式と曲面集光方式の1000キロワットパイロットプラントを完成しました。

このプラントは、世界で初めて設計通りの定格出力を発生し、成功裡に3年間の連続運転を終了。技術的には実験は成功したのですが、結論は、太陽熱発電は日本では経済的に成立困難というものでした。

このような大がかりな発電プラントではなく、今では、戸建て住宅の屋根に載せる簡単な太陽熱温水器が大変普及しており、累計で500万台程度は使われており、世界一普及しています。しかし、新エネルギー・産業技術総合開発機構（NEDO）の調査によれば、第2次オイルショック直後の1980年に80万台の年間設置台数を記録したものの、その後は年々低下し、最近では年間10万台程度まで下がっています。04年度より、環境省の補助金よりスタートするので、今後の伸びが期待されます。

表　「新エネルギー導入大綱」における2010年までの新エネルギー導入目標

新エネルギー ＼ 年度	2000	2010
太陽光発電（KW）	40万	482万
太陽熱利用（Kl）	98万	439万
風力発電（KW）	2万	300万
バイオマス発電（KW）	8万	33万
燃料電池（KW）	2万	220万
廃棄物発電（KW）	200万	417万
クリーンエネルギー自動車(台)	4万	348万
未利用エネルギー活用型熱供給（Kl）	27万	72万
コージェネレーション（KW）	463万	1002万

♪ 素晴らしい取り組みですね！　紹介されている成功事例は、とてもいい刺激となり、役に立ちます。（カナダ、政府、男性）

また、ソーラーシステム（太陽熱利用の暖冷房・給湯システム）も定着しつつあり、70万台ほどが使われています。太陽熱は本来が分散型エネルギー源ですから、大規模なものよりも、このような小規模で身近な使い方に適していると言えましょう。

これらの「アクティブ」な太陽熱の利用法に対して、「パッシブ」な利用法もあります。たとえば、住宅の壁を2重壁にして、壁の間に空気を循環させられるようにし、南の面で暖められた空気を北側の部屋に吹き出して暖房するような方法なども普及しつつあります。

(2) 太陽光発電

サンシャイン計画の発足当初から、高効率、低コスト化をめざして、順調に研究開発が進んだのは太陽光発電です。プロジェクト発足当時、最大出力キロワット当たり数百万円もしていた太陽電池本体（モジュール）が、最近ではキロワット当たり50万円を切るところまで来ており、年産1万キロワット程度の大量生産工場ならばキロワット当たり40万円程度まで下げられるようになっています。

コストに対して決定的な影響を与えるのは、モジュールのエネルギー変換効率（発電効率）ですが、単結晶シリコンが最も高く、研究室レベルで約25％、製品で14～16％、多結晶シリコンが研究室レベルで約18％、アモルファス（非晶質）シリコンで約12％程度が現在のレベルです。最近では多結晶とアモルファスのハイブリッド形モジュールが出現し、製品で16％程度の変換効率を得ています。

さらに、直流を交流に交換するインバータ、電力系統と連係するための保護装置、屋根などに設置する場合の架台などの周辺機器を含めて、キロワット当たり90万円程度と想定すると、3キロワット程の設備の導入にかかる270万円を個人で負担するのは、なかなか容易ではありません。普及のためには、周辺機器の一層のコスト低減と、助成措置が必要でしょう。

これに関して、通産省（当時）は1994年度から設備費の半額程度を補助する制度を導入しています。ちなみに、一般家庭のモニター数は94年度557件、95年度上期600件、下期423件で、システムの平均規模は3・5から3・9キロワットでした。

システムコストも低減してきました。3キロワット当たりのコストは、94年度の600万円から96年度には400万円弱になり、2000年度にはおよそ200万円に。その代わり設備費の補助金は3分の1に減額されています（なお、ドイツでは太陽光発電の普及のために政府が70％の補助金を交付しています）。

92年1月から、日本の電力会社も太陽光や風力など自然エネルギーをベースとした発電システムからの余剰電力を、一般電気料金並みの値段で購入することになりました。買い取り義務や買い取り価格の設定はないものの、これは画期的なことで、これにより普及に大きく弾みがつきました。

さらに、03年からは『新エネルギー特別措置法』（日本版RPS法）が施行されたのですが、10年までに1・35％と目標値が低いこと、またRPSと言いながら、ゴミ発電を含めたために、再生可能エネルギーの導入促進にはつながらないため、見直しが迫られています。

日本における太陽光発電の可能性について、大阪大学の浜川圭弘名誉教授によれば、個人住宅2500万戸の屋根の80％に3キロワット、集合住宅45万棟の屋根の50％に20キロワットの太陽電池パネルを設置すると、年間発電量は3077億キロワット時にもなり、これは日本の総発電量の40％にも相当するとの推算です。

既存の建物の一部を利用するだけで、太陽光発電によって、膨大なエネルギーが得られるのです。

(3) 風力発電

地球温暖化が顕著になった1990年代以降、世界の風力発電設備容量は急激に増加しており、過去5年間の平均年増加率はほぼ30％となっています。

♪ 送ってくれた記事、素晴らしいと思う。米国にもJFSのようなプロジェクトがあればいいのに。がんばってください。（米国、企業、男性）

わが国でも、風力発電の導入が急速に進んでいます。これは政府の普及促進策や新エネルギー法の制定による効果が大きいのですが、開発規模は約50万キロワット（03年12月）で、世界の1・4％の寄与率でしかありません。

これまで、日本には台風はあるが風力利用に適した風は吹いていないと言われてきました。しかし、通産省（当時）のニューサンシャイン計画の一環として、NEDOでは8年間にわたって風況観測を実施し、全国風況マップを作りました。これによって、日本にも相当量の風力資源があることが明らかになったのです。

風力発電が経済性を持ち得る年間平均風速が毎秒6メートル以上の地域は、日本全土の7分の1に相当します。風車の建設を阻害するさまざまな要因を考慮して、現在実用化されている直径40メートル級の風車を適当な配列で設置すると、合計2500万キロワットの風力利用可能量であると推定されます。現在の年間総発電量の20％が供給できる計算です。

風力発電は、すでに実用段階に達し、経済性を持ちうるものとなっています。日本海側などの好風況サイトでは、大規模なウィンドファームも建設され、発電コストもキロワット時当たり7円程度となっており、また風の強い地方自治体では町おこしを兼ねた風力発電が行われ、74自治体が風力発電推進市町村協議会に参加しています。ただし、日本海側の冬季の落雷被害や南西諸島を中心とする台風など強風の被害も報告されており、これらの課題を解決する「日本型風車」の開発が進められています。近年、市街地などでの設置を目的とした小型の風力発電装置が開発・販売され、人気を集めています。しかし、小型風車の場合には「安全・静粛・美観」が不可欠と言えます。さらに、日本は世界有数の海岸線の長さを有する海洋国です

キーワード　「再生可能エネルギー」「自然エネルギー」いずれかを含む

- 自然エネルギー市民ファンド、設立される
- 市民風車、建設費を市民からの出資で調達
- 東京都港湾部初の本格的風力発電1基が完成
- 大阪市、建設中の配水場に水力発電設備を導入
- 日本自然エネルギー、マイクロ水力発電事業を新規展開
- 「風の力」でJFS事務局を運営
- 風力発電が奏でるライブ　いよいよスタート
- リコーの“お天気次第”のネオン広告塔
- 岡山県で回る、蜂の巣型風車
- 松下エコシステムズ、風力と太陽光を使った照明灯を発売

（全21件より抜粋　2004年2月現在）

から、今後沖合風力発電を実現していく可能性も大いにあり、港湾での風力発電の設置が進むなど、実用化の動きが出ています。

(4) 中小水力

水力資源は、国産エネルギーとしては最大のものです。国土に降った雨の全量が海面まで落ちるエネルギーを集計した理論値としての電力量（理論包蔵水力）は、約2700億キロワット時と推定されています。一方、日本が有する水資源のうち、技術的・経済的に利用可能な水力エネルギー量を包蔵水力と呼びますが、通産省（当時）の第5次包蔵水力調査によれば、そのうち、未開発地点は約2700地点、最大出力1300万キロワット、電力量は約500億キロワット時となっています。

これに既設・建設中のものを含めたわが国の包蔵水力は、それぞれ約4100地点、3300万キロワット、1350億キロワット時です。したがって、最大出力で見た場合、わが国の包蔵水力のうち、1世紀近い水力開発の歴史の中で約60％が開発され、約40％が未開発ということになります。

これまでに開発しやすいサイトはほとんど開発しつくされているので、残されているのは中小水力発電が主体となります。ちなみに、通産省（当時）が算定している日本の未開発の包蔵水力（最大出力）は、あと1200万キロワット程度。その中で、2010年までに出力1万キロワット以下、建設費がキロワット当たり300万円以下程度の中小水力発電所を約1000か所、550万キロワットを開発する「水力新世紀計画」が立てられています。さらに、開発対象を広げて、出力規模100キロワット程度以下の容量のマイクロ水力発電まで含めれば、上記の包蔵水力は20％程度は大きくなるでしょう。

ウェブを見ました。ワクワクするような情報の宝庫ですね！　JFSの取り組みが成功しますように！
（ハンガリー、大学、男性）

(5) 波力・海洋温度差

日本の海岸線は、延べ3万2000キロあります。ピーク値では14億キロワットもの波力エネルギーがあると計算されています。しかし、実際に利用できる海岸は160キロ程度という控えめな見方もあり、この場合には、年平均390万キロワットの波力エネルギーが発電に利用でき、年平均130万キロワットの発電が見込めます。

現状では、波力発電の設備費はキロワット当たり500万円程度とかなり高く、発電原価を算定すると、キロワット時当たり40円程度となります。しかし、すでにブイや灯台、防波灯標など小規模のもので特殊な用途向けに、波力発電は実用化されています。

一方、海洋温度差発電は、太陽で暖められた海表面と冷たい深層水との温度差を利用するものです。熱帯、亜熱帯の表層水温は27〜30度、深度500メートルの冷海水は7〜8度で、この程度の温度差があれば十分に発電ができるとされています。問題は海水の汲み上げに要するポンプの動力が大きいことで、このポンプを動かすために必要な電力を差し引くと正味出力は発電出力の15％程度にとどまってしまいます。発電原価を試算した例ではキロワット時当たり19〜23円でした。日本の200カイリ（1カイリ＝1852メートル）経済水域内では、少なくとも3000万キロワットの海洋熱による電力を得ることができると言われています。

(6) バイオマス

科学技術庁資源調査所（当時）の調査結果によれば、日本のバイオマス資源の現存量は約15億トンで、その94％が林地です。森林のバイオマスが持つ潜在的なエネルギーは、1995年における国内の森林成長量が、幹材のみを対象としても約9000万立方メートルであることから、仮に、この3分の1をバイオマス発電用の燃料に利用した場合を計算すると、年間約207〜311億キロワット時の電力を供給することができます。これはわが国の発電電力量の3％程度に相当します。特にこの1～2年、政府の「バイオマス・ニッポン」のプロジェクトや、林業や畜産業の活性化をめざす自治体、新しいエネルギー源として注目する企業、山や森を守ろうというNGOなど、さまざまな分野でバイオマスを有効活用していこうという動きが盛んになっています。

(7) 地熱

日本は火山国であり、活火山が65、これを含めた地熱地帯が200か所あるとされています。したがって、地熱利用の可能性は大きいと考えられています。しかしながら、現在のところ実用化されているのは、地下2000メートルぐらいまでの比較的浅い部分の地熱資源で、これまでに建設された地熱発電所は、合計55万キロワットとあまり大きな規模ではありません。1992年6月、国の長期エネルギー需給見通しが全面的に改訂されましたが、国の地熱エネルギーの開発目標は発電のみで2000年度までに100万キロワット、10年までに350万キロワットとされました。

なお、日本の場合、地下から出てくる流体は熱水が主体であり、蒸気タービンの傷みも早いため、効率も悪くならざるを得ない特徴があります。また、熱水中の公害物質を再度地中に戻すため、生産井と還元井を2本ずつ掘らねばならぬため、コスト高となるのも欠点と言われています。このため、経産省では、地熱資源の探査・開発や、発電効率を高めるためのバイナリーサイクル（作動流体に代替フロンとイソブタンなどの2種類の流体を組み合わせる）の開発、地下の高温岩体に地上から水を注入して蒸気や熱水を作り出す高温岩体発電などの研究を進めています。

日本では、ヨーロッパの国々のように、再生可能エネルギーで発電した電力を地元の電力会社が買い取る義務や高めの買い取り保証額などが設定されていません。太陽電池など、再生可能エネルギーを利用する技術は、世界の中でも最高のレベルにあります。その技術の実際の普及をはかるための法

日本について調べる時には、必ずJFSのサイトにアクセスしています。持続可能な世界をつくるための原動力として、気を緩めずにがんばってください。（スイス、企業、男性）

律や税制改革などの制度設計が待たれています。

日本の森林

日本は緑と山の国です。約2500万ヘクタールの森林があり、国土面積の約67％を占めています。世界全体の平均は29％ですから、その倍以上の数字ですが、人口が多いため、1人当たりの森林面積は0・2ヘクタールになります。総森林面積はこの30年間ほとんど変わっていません。

日本林業調査会の2000年のデータによると、日本の森林のうち、約60％が天然林、残りの約40％が人工林です。人工林は、1966年から1995年までの約30年間で30％増加して約1000万ヘクタールに達し、天然林は同じ30年間に約15％減少し、1300万ヘクタールとなっています。

蓄積（樹木の年間成長量をもとに算出したおおよその資源量）は、この30年間で約85％増加しています。特に人工林は3倍以上に増加して、約19億立方メートル、天然林も約20％増加し、約16億立方メートルです。

人工林のほとんどは針葉樹です。特に戦後に大量に植林されたスギが、人工林蓄積の半分以上で、スギ、ヒノキ、カラマツの3種類で全体の9割近くを占めています。一方、天然林の蓄積の72％は広葉樹が占めており、多様な樹種構成となっています。

「木曾のヒノキ・秋田の杉・青森のひば」を三大美林と呼んでいます。どれも昔から人々が大事に守ってきた森です。木曾のヒノキは、江戸時代には、尾張藩が材木役所を設置して保護しました。「ヒノキ一本、首一つ」という言葉が残っていますが、ヒノキを1本切ったら、首をはねられるほど、厳しく守っていたのです。

また、日本には「里山」という言葉があります。昔から人々は薪を取るなど、「人里近くにあって人々の生活と結びついた山・森林」を大事にしてきました。このような人間生活のかかわりの中でできあがった二次林が里山です。

戦後、日本の森林に大きな変化が出てきました。まず、食料不足で多くの森林が畑に転用されました。また、1950年代後半に薪や炭から、石炭や石油へと、生活で使う燃料が変わりました。これによって、森と人々とのつながりが薄くなってしまいました。炭や薪は広葉樹だったので、燃料の転換で使われなくなった広葉樹を切って、針葉樹に替える拡大造林の政策が取られ、高度成長で用材の需要も増加の一途だったことから、「将来のために多くのスギやヒノキを植えよう」と人工林が4割にまで増えたのです。

このように戦後に造林された人工林の多くは、現在、間伐が必要な時期（20～35年生）にさしかかっています。しかし、林業の採算性が低下していることや、木材産業の低迷の影響で、間伐や主伐（柱などの木材を生産するための伐採）が遅れており、土壌保全や保水・浄水機能などの弱くなった荒れた森林が増えていることが大きな問題となっています。

国土の67％が森林であるにもかかわらず、日本で使っている木材の80％は、外国から輸入しています。その大きな理由は、外国産木材の方が安いためだと言われます。日本の山は急斜面が多いので、機械も使いにくく、手入れや切り出し、運搬に手間がかかります。それに比べて、日本の輸入先のアメリカやカナダ、インドネシアなどでは、平地にも森林が広がっているので作業がしやすく、人件費も安いので、木材を安く供給できるのです。この結果、50年には98％だった木材自給率が70年には45％に、そして現在は20％を切っています。国内木材産業の衰退に伴い、40年前は約44万人いた林業従事者も、今は6万7000人にまで減っており、しかも65歳以上の割合も30％を超え、高齢化が進

日本の取り組みについて教えてくれてありがとう。カナダは残念ながら、口ばかりで……。動きはいろいろありますが、国内から見ると、いつまでも達成されない気がします。（カナダ、その他）

んでいます。

日本は年間に木材を大体1億立方メートル消費しています。主な用途は、柱や天井などの建築用（45％）と紙の原料（40％）です。1人当たりの使用量はアメリカや北欧などに比べると格段に低いのですが、丸太も製紙用のチップも輸入総量は世界一です。一方、国内の森林の年間成長量は7000万立方メートルと言われ、森林の蓄積量は毎年5000万立方メートル増加していることになります。日本は大量に木材を輸入している一方、国内の森林を利用しにくいしくみになっていることが最大の問題となっています。

ちなみに日本は京都議定書で約束した温室効果ガスの6％削減のうち、3・9％分を森林による吸収で達成しようと計画しています。温暖化の観点からも、森林の保全が大きな緊急課題となっています。

環境マネジメントシステム

事業活動が環境に与える負荷を継続的に改善していくためのしくみが「環境マネジメントシステム」です。環境マネジメントシステムの国際規格がＩＳＯ14001ですが、日本の認証取得事業所数は、2003年12月末現在で1万3819件です。これは世界トップの認証件数です。中国、スペイン、ドイツ、米国、イタリアと続きますが、いずれも3000〜5000件台であることを考えると、突出した取得数となっていることがわかります。

1996年にＩＳＯ14001の規格が発行されて以来、日本では当初、特に海外へ輸出している電機・電子機器業界の取得が多数を占めていましたが、現在では、あらゆる業種にＩＳＯ１４００１取得の動きが広がっています。

しかしながら一方では、ＩＳＯ１４００１認証取得は荷が重いと二の足を踏む中小企業も多いため、中小企業にも取り組みやすい環境マネジメントシステムのツールがいろいろと用意されています。これは日本独自の特徴です。環境省が作成した「環境活動評価プログラム（エコアクション21）」は、二酸化炭素、資源、廃棄物などに取り組みの的をしぼったプログラムで、中小企業の取り組みを促しています。

ソニーは、独自の簡易型環境マネジメントシステム「シンプルＥＭＳ」を作成し、一定規模以下の非製造事業所や取引先に、リスクマネジメントの一環としてこのシステムを勧め、構築の支援をしています。交通エコロジー・モビリティ財団では、トラック運送事業者のために、ＩＳＯ１４００１に基づいたグリーン経営推進マニュアルを作成し、中小企業が99％を占めるトラック運送事業者の二酸化炭素やコストの削減を支援しています。

また、地域ぐるみで環境マネジメントシステムの構築を進めているのが、水俣市です。水俣市は、水俣病という悲しい歴史を教訓に、さまざまな面で環境モデル都市の実現に向けて取り組んでいます。

99年2月に水俣市役所がＩＳＯ１４００１の認証を取得しました。その後、中小企業に対して、経営基盤の形成、職場の活性化、環境リスクの回避、コストダウン、取引先の拡大、環境情報管理の充実を図るため、水俣市役所が取得した環境ＩＳＯシステム構築のノウハウを公開し、市内の中小企業に対して、簡易な環境ＩＳＯシステム構築を支援しています。また、家庭版ＩＳＯと学校版ＩＳＯを作成し、家庭でも学校でも、あらゆる人々が「環境マネジメントシステム」の考え方や進め方を身につけられるようにしています。

JFSの前向きのニュースを読むと、気持ちが明るくなります。多くの人が求めている環境にやさしいライフスタイルも経済も可能なんだとわかってとてもうれしいです。（日本在住、その他、女性）

ＮＰＯ法人国際芸術協力機構では、ＩＳＯ１４００１の骨子をベースとした環境マネジメントシステムの教育支援プログラムを作成し、「ＫｉｄｓＩＳＯ」として普及中です。これは、子どもたち一人ひとりをリーダーに、各家庭で計画を立て、実行に移すことで環境問題に取り組むものです。もっと手軽に「知るところから始めよう」というツールが、環境省の作成した「環境家計簿」です。これは、市民一人ひとりが自らの日常生活と環境とがどのように係わっているのかを知り、自分の生活に伴って生じる環境への負荷を減らし、環境にやさしいライフスタイルを実行していくための道具です。たくさんの自治体や企業・団体が、独自の「環境家計簿」の取り組みを進めています。

認証の有無にかかわらず、さまざまなレベルで環境マネジメントシステムを導入することによって、「P-D-C-A」（計画し、実行し、チェックし、是正して実施する）の考え方やサイクルを定着させることができます。子どもも主婦も企業人も、会社も地域も、同じ「言葉」で話せるようになるということです。これは今後の日本の環境への取り組みにとって、非常に強力な基盤となることでしょう。

ＪＡＣＯに聞く――環境マネジメントシステムの歴史と今後

ＩＳＯ１４００１「環境マネジメントシステム（ＥＭＳ）」は１９９６年に規格化され、現在世界で約４万の組織が取得している国際規格です。驚くべきことに、全世界の取得件数のうち22％（１万２０００件）を、日本の組織が占めています。そして、公式環境審査員などの専門家教育と認証の分野で実績のある民間組織が日本環境認証機構（ＪＡＣＯ）です。

同社は１９９４年に設立され、ＩＳＯ１４００１とＩＳＯ９００１に関する教育と審査登録事業を行ってきました。日本での認証の分野は、16の外資を含めて45機関が事業を行っていますが、現時点で市場トップは約20％のシェアを有する政府系の財団法人日本品質保証機構（JQA）で、JACOはシェア16％を占めています。

同社の元社長で現在顧問兼環境主任審査員を務める福島哲郎氏にお話をお聞きしました。

●日本でISO14001が普及している理由

もちろん企業の地球環境への危機意識の高まりがあったことが主な理由ですが、ISO9001シリーズの普及の遅れに対する教訓が、もう一つの背景となっていると言えるでしょう。

日本企業が品質において世界的に名を馳せていた80年代、国際的な品質保証のしくみとしてISO9000シリーズが普及し始めました。日本企業は自らの品質について非常に強い自信をもっていたため、後に国際的な品質規格として認知されることになるこの規格の取得に積極的ではなく、他国に遅れをとることになりました。その結果、ISO9001に関しては、現在全世界で40万件の取得件数の中で、日本の取得件数はたった3万件（10％以下）にとどまっています。ISO9000に乗り遅れた結果、日本企業は品質について世界一であると主張することがむずかしくなっていきました。このことは苦い教訓となりました。そこで、ISO14001シリーズが登場してきた時、日本企業はその重要性を認識し、早くから体制を整え、スピードをもって認証を進めてきたのです。

●多くの企業がEMSを取得していることは、日本の産業活動全体の環境負荷低減にとって何を意味するか

各企業の負荷低減については、それぞれの結果をホームページや環境報告書で報告しているので、それを個別に見る必要があります。取得企業全体として「これだけ低下した」とは言いにくいのです

♪ニュースレターありがとうございます。同僚たちとの間でとても面白いと評判になってますよ。これからもいいニュースを教えてください。がんばってね。（ドイツ、研究機関）

が、確かに言えるのは、1万2000の組織が環境負荷低減に対して「毎年体系的に進歩を遂げている」ことです。つまり、目標を立て、実行し、測定／評価し、再度目標を設定するというサイクルを体系的に回しており、このプロセスに対して半年あるいは1年に1回必ず外部の審査が入るため、担当者や社員がモチベーションをもって実行に当たっていることは約束されているのです。

今後の課題としては、（1）本来業務への切り込み、（2）合理性とモチベーションの最適化、（3）小規模版の普及の三つをあげることができます。

ＥＭＳを導入してから4～5年めに入る組織は、紙・ごみ・電気の削減は一定の成果をすでに達成し、次に何をすべきかを見い出すことにとまどっているところもあります。周辺業務の環境負荷低減だけでなく、自社の製品やサービスの提供という本来業務に切り込む必要があります。

また、多くの工場や事務所を抱える企業は、それぞれの事業所単位でＥＭＳを取得・審査していくのではなく、「マルチサイト方式」として本社が一括して一つのＥＭＳを取得することもできます。この方法は、本社の管理負担の点からは優れているのですが、実際に取り組む各事業所の動機づけがしにくいという課題があります。そこでＪＡＣＯが現在推奨しているのが、「グループ審査」という方法です。これは、方針や目的、組織、評価に対して、本社は「作り方はこうしましょう」という大本の方針だけを作り、あとは各事業所が自らの独自性を考慮して作ります。審査は一括して行うことができ、登録証は個別に発行されます。たとえば松下電器産業の関連会社や協力会社はこの「グループ審査」を実施しています。

大企業では普及したＥＭＳですが、中小企業への普及はまだまだです。たとえば20～30人の組織にとって、ＥＭＳの構築に専従者を置く人員的余裕がないうえ、要求事項が多すぎるなどがネックとなっています。そこで、文書化などを最低限にした小規模のマネジメントシステムを国際規格として作ることがＥＭＳの底辺を拡大するための課題となっています。

18世紀に現代企業が誕生した時から「よい企業とは何か」という問いかけが絶え間なく続いています。環境経営は、その問いかけに対する一つの過渡的な状態です。つまり、財務だけ優れていればよいという考えから脱皮し、環境の側面を内部コストに織り込み、効率よく取り組みを進めていくことが環境経営であると考えられるようになりました。今後も、従業員の幸福や、商品の公正、事業の倫理性など、問いかけがさらに続いていくでしょう。マネジメントシステムも限りなく発展していく必要があるのです。

ナイジェリアの市民団体です。ニュースレターを購読していますが、最新技術と持続可能性の情報が届けられとても感謝しています。これからも楽しみです。（ナイジェリア、その他）

COLUMN

ＪＦＳの強力なボランティア陣のヒミツ

ＪＦＳでは、「月に30本、日本の環境情報を英語にして世界に発信する」という基幹活動も、いろいろなイベントやプロジェクトの活動も、すべてボランティアとスタッフからなるチームを作って進めています。

「月に30本の情報発信」のためには、まず「情報ピックアップチーム」が各地の新聞・ウェブ・雑誌などから、興味深い情報を月に２００本以上集めます。その中から「これはぜひ！」という活きのよい元気な情報を厳選すると、次に「和文作成チーム」が情報を詳しく調査・取材して、日本語の記事を作ります。

その記事を英語にするのが「英訳チーム」です。世界に通用する英語の質を求めているため、このチームだけはテストを受けていただいています。英訳チームではまず2～3人のミニチームで英訳し、チーム全体で揉んで仕上げます。それを「ネイティブチェックチーム」に手を入れてもらって、1丁出来上がり！　です。

ＪＦＳのホームページの維持管理や更新、新規コンテンツの作成などは「ウェブチーム」の担当です。1周年記念にリニューアルしたＪＦＳのウェブは、環境ｇｏｏ大賞を受賞しました。ただ、せっかくのウェブもその存在を知らない人には使ってもらえません。そこでＪＦＳのことをまだ知らない世界の人々に「いかがですか？」とニュースレターをお勧めするのが「海外配信先開拓チーム」。このチームのおかげで、１５４か国数千人という世界中の環境キーパーソンに日本発の情報が届き、配信先はどんどん増えているのです。

そのほか、海外からの問い合わせなどに対応する「海外対応チーム」、個人サポーターを増やしてＪＦＳの持続性を高める「フロンティアチーム」、イベントや会合で活躍する「通訳チーム」、世界からの情報やフィードバックを日本に伝える「和訳チーム」などが日々の活動を支えています。

また、持続可能な日本のビジョン作りの準備をしている「指標プロジェクト」のほか、「日米学生プロジェクト」、この「出版プロジェクト」などもすべてチームでの活動です。現在、２５０人を超えるボランティアがそれぞれ自分の好きなチームに入っています。各チーム内ではメールでやりとりをしながら、そのチームの役割を果たします。そのようなチームが有機的にネットワークを組むことで、ＪＦＳの日々の活動もプロジェクト

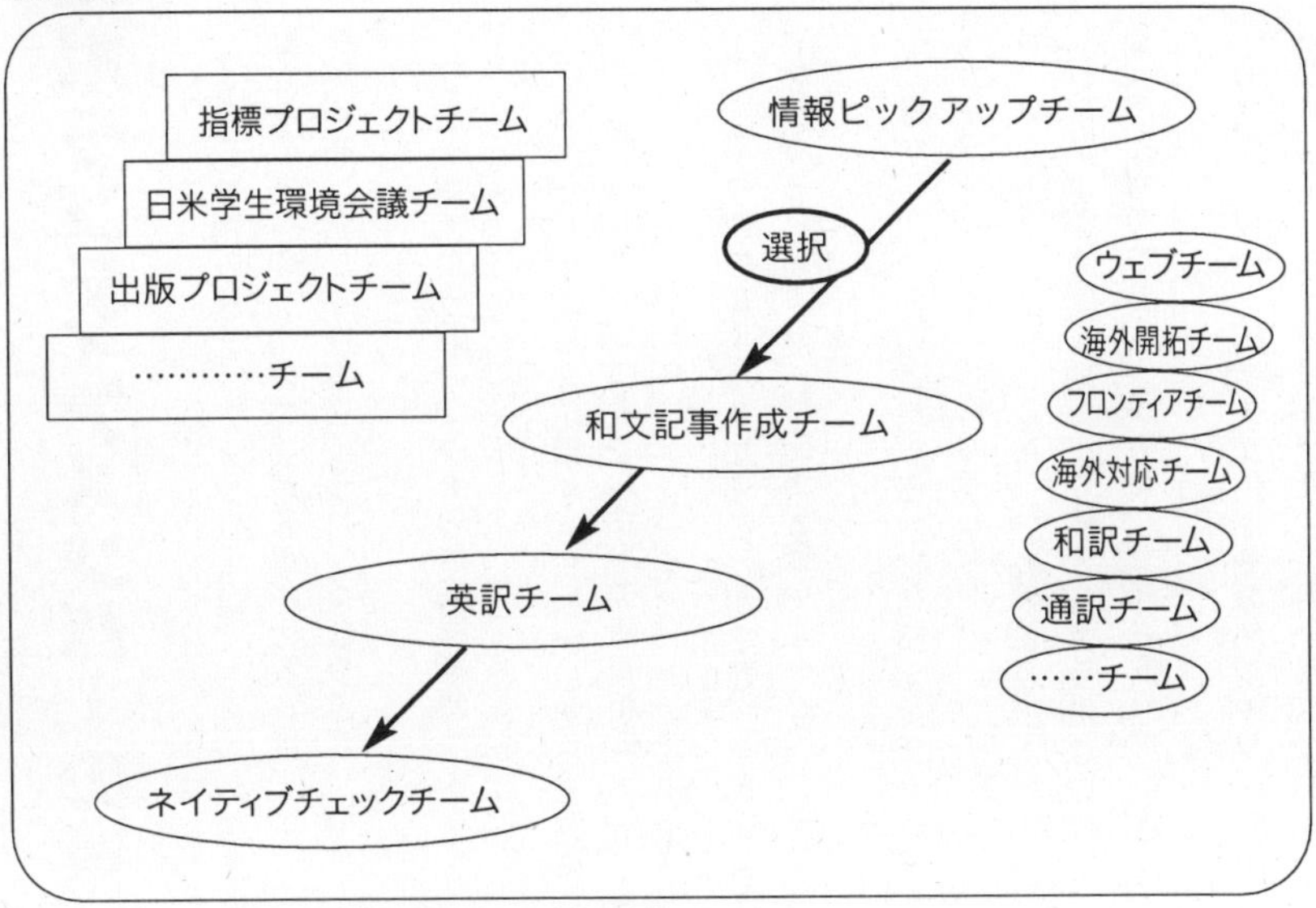

図　JFSのネットワーク型ボランティア組織

も動いているのです。

メールでの活動ですから、それぞれの時間やペース、関心に合わせて参加できるため、会社員の参加も多いこと、高校生から70歳を超える方まで年齢層が幅広いこと、日本の各地はもちろん海外在住の日本人の方まで、国境を超えたネットワークであることなどがＪＦＳボランティア組織の特徴です。

ＪＦＳのチームはすべて、必要が出てくれば作り、役目を終えたら解散します。集まったメンバーの中でまとめ役を決め、各チームで無理なく楽しく効果的に運営できるよう、工夫します。

目的志向で、日々組織の姿を変えているＪＦＳのボランティア組織は「アメーバ型組織」「21世紀型のネットワーク組織」と注目を集めています。ＪＦＳの活動は、２００３年「市民が創る環境のまち元気大賞特別賞」をいただきました。本当に元気なネットワーク型ボランティア組織なのです！

COLUMN

ボランティアメンバーの声

ＪＦＳのボランティアメンバーは、それぞれの時間やノウハウやスキルを提供してくれます。ＪＦＳでの活動がそれぞれの「次につながる場」になれば、といつも思っています。「ＪＦＳに参加してよかった」という声を聞く時、私たちは本当にうれしくなります。いくつか参加者の声をご紹介しましょう。

○さまざまな分野のニュースに興味を持つようになり、新聞をていねいに読むようになった。

○自分がサーチした記事が、もしかしたら世界に紹介される記事になるかもしれないのです。思っただけでワクワクし、ついついネットサーチ時間が長くなってしまいます。

○記事作成のルールを知ることができ、また自分が作成した文を添削をしてもらえるので、スキルアップにつながっている。一人で記事を書いているのではなく、同じ目的、目標をもってつながれることがうれしい。

○取材した先の方と単なる取材を超えた交流ができた時、とても嬉しく感じますね。そして、ＪＦＳを始めてから若干、早起きになりました。

○以前より時間を効率よく使えるようになった、ということが大収穫です。以前よりいろんなことがこなせるようになりました。やればできるんだなぁ、やり方なんだなぁ、と実感しました。

○経済・技術・化学・文化、その他ジャンルを問わず否応なしに英語力がつきます！（英訳チームに入ってからＴＯＥＩＣ９００超えた！というメンバーも）使える辞書やサイトの情報交換ができた。自分の訳のクセや弱点など見つけることができた。英語力が格段に向上した。

○チーム作業で勉強になり、コメントをして勉強になり、その上、ネイティブチェックをいただいて勉強になり、とこんなにメリットのあるボランティアはないのではないでしょうか?

○嘘がないＪＦＳの活動だから、多くの人に知ってもらいたいという気持ちで海外配信先アドレスを集めています。

○私にとってのＪＦＳは、ずばり「自分探しの場」です。自分に何ができるのか? 何が向いてるのか? 何なら楽しめるのか? それを、たくさんあるＪＦＳのボランティアチームをつまみ食いしながら、のんびりと探させていただいています。これまでに、いくつものチームに参加させていただきました。今も続けているものもあれば、数か月で挫折してしまったものもあります。こんなに気楽に出たり入ったりできて、どのチームに行っても優しく建設的な人々が迎えてくれて、勉強になって、おまけに地球のためにもなる……こういうコミュニティを仕事や家庭の外に持っている、ということの喜びも大きいです。

○具体的な目標を決めて、コツコツと作業をすすめていくと、たとえ、インターネット上の集まりであっても達成できるんだな~と感心してみています。また、よく世界地図などを見るようになったので世界が身近に感じられるようになりました。

毎週のように「ボランティアをしたい」とメールをいただきます。すると事務局は「ありがとうございます! ただ今のメニューはこうなっております。どのチームにお入りになりますか?」と、ボランティアチームの紹介を送ります。もしよろしかったら、ご一緒にいかがですか?

第2章
日本海ガス（第1章参照）
カタログハウス
http://www.cataloghouse.co.jp/
西友　http://www.seiyu.co.jp/
東日本旅客鉄道（JR東日本）
http://www.jreast.co.jp/
アサヒビール
http://www.asahibeer.co.jp/
リコー　（第１章参照）
松下電器産業（第１章参照）
グレイス　http://www.grace-e.co.jp/
東京電力　http://www.tepco.co.jp/

第3章
宮崎県綾町
http://www.town.aya.miyazaki.jp/ayatown/index.html
高知県　http://www.pref.kochi.jp/index.html
東京都墨田区　http://www.city.sumida.tokyo.jp/
オフィス町内会　http://www.tgn.or.jp/office-c/
人道目的の地雷除去支援の会（JAHDS）
http://www.jahds.org/top.html
愛知県名古屋市　http://www.city.nagoya.jp/
東京都日野市
http://www.city.hino.tokyo.jp/info/
環境を考える経済人の会21（B-LIFE21）
http://www.zeroemission.co.jp/B-LIFE/
森林管理協議会
http://www.fscoax.org/（英文）
緑の循環認証会議
http://www.sgec-eco.org/
リコー（第1章参照）

第4章
岩手県湯田町
http://www.town.yuda.iwate.jp/index.shtml
熊本県水俣市　http://www.minamatacity.jp/
宮城県宮崎町（加美町に合併）
http://www8.ocn.ne.jp/~miyazaki/page201.htm
宮城県北上町
http://www.town.kitakami.miyagi.jp/
川口市民環境会議
http://www.ne.jp/asahi/eco/ecolife/
石川県
http://www.pref.ishikawa.jp/kankyo/pp/school_iso/index.html
金沢市立浅野川小学校
http://www.ishikawa-c.ed.jp/~asange/home.html

第５章
岩手県
http://www.pref.iwate.jp/info/ganbaranai/framepage.html
静岡県掛川市
http://lgportal.city.kakegawa.shizuoka.jp/life_long/index.asp
岐阜県岐阜市
http://www.city.gifu.gifu.jp/slowlife/slowlife.htm

第６章
全国地球温暖化防止推進センター
http://www.jccca.org/education/datasheet/index.html
地球温暖化対策推進本部
http://www.kantei.go.jp/jp/singi/ondanka/
国土交通省「日本の水資源」
http://www.mlit.go.jp/tochimizushigen/mizsei/index.html
内閣府「水に関する世論調査」
http://www8.cao.go.jp/survey/h13/h13-mizu/
経済産業省「工業用水事業の概要」
http://www.meti.go.jp/policy/local_economy/downloadfiles/Industrial_facilities_div/kogyoyosui.html
資源エネルギー庁「エネルギー・資源を取り巻く情勢」
http://www.enecho.meti.go.jp/energy/index.htm
省エネルギーセンター
http://www.eccj.or.jp/
東京電力（第2章参照）
新エネルギー・産業技術総合開発機構（NEDO）
http://www.nedo.go.jp/
経済産業省 資源エネルギー庁「水力のページ」
http://www.enecho.meti.go.jp/hydraulic/data/index.html
日本林業調査会
http://www.wood.co.jp/ringyo/index2.htm
環境省「環境活動評価プログラム（エコアクション21）」　http://www.napec.or.jp/jigyo/kanri/
ソニー（第1章参照）
交通エコロジー・モビリティ財団
http://www.ecomo.or.jp/
水俣市（第4章参照）
国際芸術技術協力機構
http://www.artech.or.jp/japanese/kids.html#
環境省「環境家計簿」
http://www.env.go.jp/earth/kakeibo/kakei.html
日本環境認証機構（JACO）
http://www.jaco.co.jp/

参考文献・団体URL

【参考文献】
第４章
『風に聞け　土に着け　風と土の地元学』(2000)
新潟地元学フォーラム、「風に聞け、土に聞け」
地元学協会事務局、愛知県美浜町

第５章
石川英輔著『大江戸リサイクル事情』(2000) 講談社

第６章
『エネルギー・経済統計要覧（2003年版）』財団法人日本エネルギー経済研究所計量分析部編集、財団法人省エネルギーセンター発行(2003)
『省エネルギー便覧(2003年版)』財団法人省エネルギーセンター編(2003)
みんなの森
http://www.minnanomori.com/index.html

【企業・団体・官公庁一覧】
第１章
＜企業＞
ダスキン　http://www.duskin.co.jp/
日本海ガス　http://www.ngas.co.jp/
東芝テクノネットワーク
http://www.toshiba.co.jp/tcn/index_j.htm
イトーヨーカ堂
http://www.itoyokado.iyg.co.jp/iy/
松下電器産業　http://matsushita.co.jp/
リコー　http://www.ricoh.co.jp/
セイコーエプソン　http://www.epson.co.jp/
東京ガス　http://www.tokyo-gas.co.jp/
大阪ガス　http://www.osakagas.co.jp/index.htm
日産自動車　http://www.nissan.co.jp/
日本電気（NEC）http://www.nec.co.jp/
サントリー　http://www.suntory.co.jp/
損害保険ジャンパン
http://www.sompo-japan.co.jp/index.html
ソニー　http://www.sony.co.jp/
凸版印刷　http://www.toppan.co.jp/index_f.html

＜団体＞
「自転車タクシー」を導入しているNGO
「環境共生都市推進協会」
http://www.pref.kyoto.jp/intro/21cent/kankyo/ecokyoto/02ecostyle/sty_008velotaxi.htm
「VELOTAXI JAPAN」
http://www.velotaxi.jp/ (under　construction)
「人にやさしい街づくり推進協会」
日本初の民間カーシェアリング会社
「シーイーブイシェアリング」
http://www.cev-sharing.com/
ゼロエミッションフォーラム
http://itenv.hq.unu.edu/zef/index_j.html
産業廃棄物研究会（山梨県国母工業団地）
バルディーズ研究会
http://www.geocities.co.jp/Milkyway/4189/
環境監査研究会
http://www.earg-japan.org/
地球環境パートナーシッププラザ
http://www.geic.or.jp/geic/
環境報告書ネットワーク（NER）
http://eco.goo.ne.jp/ner/
地球・人間環境フォーラム　http://www.shonan-inet.or.jp/~gef20/gef/news/report_award.htm
グリーン・リポーティング・フォーラム
http://www.toyokeizai.co.jp/company/award/kankyo/index.html
GRI日本フォーラム
http://www.gri-fj.org/index.html
グリーン購入ネットワーク（GPN）
http://eco.goo.ne.jp/gpn/
グリーンコンシューマー研究会
http://www.green-consumer.org/
日本環境協会「エコマーク」
http://www.jeas.or.jp/ecomark
電子情報技術産業協会（JEITA）
http://it.jeita.or.jp/perinfo/pcgreen/index2.htm
ごみゼロパートナーシップ会議
http://www.gomizero.jp/
産業環境管理協会
http://www.jemai.or.jp/JEMAI_DYNAMIC/index.cfm
日本自動車工業会
http://www.jama.or.jp/eco/eco_car/info/index.html
日本電機工業会
http://www.jema-net.or.jp/
日本消費生活アドバイザー・コンサルタント協会(NACS)
http://www.nacs.ne.jp/~ecology/label/label_10.html

＜官公庁＞
環境省　http://www.env.go.jp/
経済産業省　http://www.meti.go.jp/
国土交通省　http://www.mlit.go.jp/

≫JFS情報データベース

記事見出し一覧

JFSの情報データベースには、設立された2002年8月から2003年末の間に、542件の記事が掲載されました。以下は、その見出しの一覧をカテゴリー別に分類したものです。

なお、ウェブ上のデータベースでは、検索しやすいように、一つの記事に対して複数のカテゴリーが登録されていますが、この一覧では一記事一カテゴリーに振り分けてあります。

【エネルギー】

●三洋電機株式会社の大規模発電システム「ソーラーアーク」
●出光、灯油を使う燃料電池の開発へ一歩進む
●東京都、臨海部で風力発電を始める
●「ハイドレート」のペレット製造開始
●東芝と日立、携帯用燃料電池開発
●カシオ計算機、携帯機器に最適な小型高性能燃料電池の研究開発に成功
●東京都、都市下水廃熱を使った地域冷暖房システムを開発
●ホンダエンジニアリング、次世代型薄膜太陽電池を開発
●アサヒビール神奈川工場、電力の約2割を風力発電で
●粘土瓦で太陽光発電
●東京湾で来春から風力発電はじまる
●洋上風力発電の実用化へ
●富士通　NAS電池の運用開始
●燃料電池の実証プロジェクトスタート
●1キロワットタイプのコージェネシステム、最終実証確認へ
●「バイオマス・ニッポン総合戦略骨子」公表される
●NEDO、新型太陽電池の開発スケジュールとコストダウン目標
●日本のデンマーク、風力発電のメッカ苫前
●地熱発電で特産の植物を栽培
●三菱重工、非常用水タンクを用いた太陽光発電システムを開発
●横浜市、100基のソーラー・省エネ照明灯設置を決定
●廃プラスチックを燃料とする発電所、試験運転を開始
●リゾートホテルの風力発電
●地熱で教室の冷暖房を
●シャープ、太陽電池モジュールの米国生産を開始
●風力発電が奏でるライブ　いよいよスタート
●世界自然遺産の屋久島、世界初の「脱化石燃料社会」へ
●自然エネルギー市民ファンド、設立される
●家庭用燃料電池、実用化へ
●東京都港湾部初の本格的風力発電1基が完成
●原子力発電所問題で供給力低下、東京電力、節電キャンペーン
●燃料電池コージェネレーションシステム、実用化に向けて一歩前進

●バイオマス活用へ、木質ペレットの復活の兆し
●北海道に、世界最大の太陽光発電住宅団地
●「Harmony with the Earth」24時間グリーン電力で音楽を
●東芝、ノートパソコン用小型メタノール燃料電池を開発
●青森県で、市民による市民のための風力発電所始動
●市民風車への出資を募集
●摩擦熱によるアルミ材接合技術で使用エネルギーを99％削減
●新日本石油、風力発電事業を始める
●銀行が協調して風力発電事業へプロジェクトファイナンス
●下水道で小水力発電を
●港湾で風力発電を！
●家庭用燃料電池市場へ、コンソーシアムを設立
●シャープ、モジュール変換効率世界No.1の太陽電池モジュールを発売
●日本自然エネルギー、マイクロ水力発電事業を新規展開
●岩手県、チップボイラー導入
●大阪市、建設中の配水場に水力発電設備を導入
●丸紅とJ-POWER、スペインの風力発電会社を買収
●低温作動固体酸化物形燃料電池（SOFC）の1キロワット級発電モジュール開発
●太陽光発電コミュニティ、誕生
●ESCO事業、省エネ目標達成の見込み
●三菱重工、世界最小の家庭用燃料電池を開発
●ホンダ、平日休業で節電に協力
●経済産業省、省内一斉節電運動により最大29・4％の節電効果
●海洋温度差発電実用化へ、佐賀大の実験施設始動
●そよ風でもOK、20万円台の家庭用風力発電機発売へ
●透明な紫外線太陽電池の試作に成功
●松下電器、人工葉緑素を使用した太陽光バイオナノ燃料電池開発へ
●世界初、灯油型の燃料電池の実証試験開始
●木質バイオマスを利用した発電試験を開始
●中国電力、発電の蒸気を隣の工場に供給
●日本初の洋上風力発電を設置
●岡山県で回る、蜂の巣型風車
●リコーの〝お天気次第〟のネオン広告塔
●家庭用燃料電池の実用化へ向けて実証実験
●東京の環境NPOが買い替えモニター事業開始
●NEC、燃料電池内蔵型ノートパソコンを展示
●京都でエコエネルギーによる電力供給実験
●下水汚泥で火力発電
●既存住宅の屋根に設置できる超薄型太陽光発電システム
●環境省、国立・国定公園での風力建設に関する検討会を開始
●関西電力の系統電力、「エコリーフ環境ラベル」認証取得
●東京都、未処理下水による地域冷暖房システム
●世界初の燃料電池深海巡航探査機、航走に成功
●西友、店舗の消費電力を6％削減し、4億円の経費削減へ
●下水汚泥から水素製造　仙台市で研究始まる
●使用済み天ぷら油をバイオディーゼル燃料に

●日本IBMのThink Pad、ノートパソコンもピークシフト
●地熱発電開発費補助金を12件に交付
●軽くて折り曲げできる太陽電池
●石油化学コンビナートで省エネ事業
●日本の地熱発電の現状
●大量蓄電可能なナノゲート・キャパシタを開発
●市民風車、建設費を市民からの出資で調達
●日本の核燃料サイクルの総費用、約19兆円
●シャープ、欧州で太陽電池モジュールの生産を開始
●家庭用燃料電池の試験販売を開始
●ソニーイーエムシーエス、環境に配慮した太陽光発電システムを導入
●電力会社3社、珠洲原子力発電所計画を断念へ
●北海道で、日本初の洋上風力発電が試験運転
●東京ガス、ビルエネルギーデータ管理サービス「TGグリーンモニター」を開始
●滋賀県で、太陽光発電施設への出資を県民から募る

【交通】

●ホンダ、電動アシストサイクル共同利用システムを発売
●ホンダ、シンガポールで会員制の自動車共同利用システムを開始
●トラック運送事業におけるグリーン経営推進マニュアル、完成
●「自転車タクシー」の営業始まる
●東京での自転車共同利用実験も
●エコドライブ推進運動で、二酸化炭素を削減
●高松市で放置自転車をリサイクルして活用
●日本初の民間カーシェアリング会社、営業始まる
●国土交通省、燃料電池自動車の保安基準策定へ
●省エネ運転で年間1万8000円も「お得」に！
●国土交通省、次世代エコ船開発など推進
●シャープ、モーダルシフトを加速
●沖電気　物流のCO_2抑制へ
●電機・情報各社、CO_2削減へ物流再編
●トヨタとホンダ、燃料電池車を限定発売へ
●大学で、カーシェアリング
●燃料電池自動車、非課税に
●名古屋市、職員のマイカー通勤を禁止
●東邦ガス、全国初の民間独自の燃料電池自動車への水素供給施設を建設
●トヨタと日野、燃料電池ハイブリッド大型バスの公道走行を開始
●バイオディーゼル燃料の製造装置を販売
●国土交通省、環境調和型ロジスティクスマネジメントシステムのマニュアルを作成
●トヨタ、燃料電池ハイブリット乗用車を12月より販売
●コスモ石油、会員向けにCO_2フリーガソリンを販売
●燃料電池車世界初のリース販売開始
●日産、燃料電池車を発表

●志木市、一方通行化で歩行者にやさしく
●LPガス自動車の燃費基準設定へ
●三洋、「ブレーキ充電システム」の電動ハイブリッド自転車発売
●軽乗用車初の燃料電池車、公道走行試験開始へ
●東京都、燃料電池バスプロジェクトを進める
●佐川急便、天然ガス自動車導入1000台を突破
●同一車両で、食材配送と野菜屑回収
●燃料電池車用「移動式水素ステーション」販売
●コミュニティ・タクシー、快走中
●自動車税制のグリーン化、2003年度は対象を限定し、期間は短縮
●燃料電池車の実証走行へ、水素ステーション開設
●JR東日本、世界初のハイブリッド鉄道車両を開発
●トラック運送業界、独自の環境経営認証制度を創設
●総合静脈物流拠点港（リサイクルポート）に新たに13港を指定
●2002年度下半期の低公害車新規台数、135万3369台に
●国交省、モーダルシフト促進アクションプログラムを策定
●エコ配送ラベルで、グリーン配送サービス普及へ
●マツダ、ディーゼルエンジン用の排出ガス低減技術を開発
●「民鉄事業環境会計ガイドライン（2003年版）」を策定
●トヨタ、自動車環境総合評価体制強化へ新システム
●運転状況を瞬時に解析、エコドライブナビゲーションシステム
●トヨタ、燃料電池自動車をリコール
●水素ステーション、東京都にオープン
●路面電車をアピール　市民ネットワーク設立
●4省庁が第1回「エコドライブ普及連絡会」を開催
●トヨタ、燃料電池車を再納入
●ホンダ　燃料電池乗用車を世界で初めて民間企業へ納車
●CO_2削減に関するWWFと佐川急便のパートナーシップ発足
●自転車タクシー、東京でも元気に走る
●燃料電池バス　営業用路線バスとして運行試験
●長野市で「みどりの自転車」の人気が広がる
●福岡県久留米市で自転車利用環境整備基本計画まとまる
●エコ・ドライブの宣言50万人を突破
●日産ディーゼル、尿素水で排ガス中のNO_xを削減
●自転車の活用をめざし、エコサイクル・マイレージ調査
●世界で初めて！　架線のいらない路面電車
●新庄市、バイオエタノール混合燃料による市公用車走行開始
●トラック運送事業のグリーン経営認証制度、始まる
●ヒマワリ油をバイオディーゼル燃料に
●エタノール混合ガソリン解禁と、業界の反応
●神戸市、グリーン配送を導入
●ホンダ、氷点下20度でも始動可能な次世代型燃料電池スタック開発
●国交省、世界一厳しい排ガス規制を制定
●東京モーターショー開催、環境対応技術をアピール

●モーダルシフト進行中、コンテナ輸送前年比3・9％増

【3R／廃棄物】

●日産、再生バンパーを全面的に採用
●不二倉業、廃蛍光管のリサイクル事業に乗り出す
●東京都、団地を丸ごとリサイクルへ
●神戸の「生ごみバイオガス化燃料電池発電施設」
●帝人、PETボトルからPETボトルへのリサイクルを事業化
●文具のリデュース、リユース、長寿命化をめざして
●パソコンの設計担当者、解体実験を通じ、リサイクル設計の重要性を認識
●NEC、パソコンの修理サポートで新会社
●日本製紙、雑誌古紙100％を利用する技術を確立
●日産「マーチ」、リサイクル可能率95％をめざす
●富士通　生分解プラスチックを再成型して再利用
●福岡県、使用済み自動車の適正保管を条例化
●西武百貨店、生ゴミをリサイクル
●自動車リサイクル法が成立
●電気・情報機器各社、アジアでの環境対策を強化
●三菱重工、クリーニング排水を再利用
●環境省、不法投棄産廃を空から摘発
●マテリアルフローコスト会計
●三菱電機、焼却炉を原則廃止へ
●中国に福岡方式のゴミ処分場建設
●商店街向けに容器回収装置を本格販売
●ペットボトル 回収率4割超す
●缶とペットボトルのリサイクル率上昇
●乳酸菌で生ごみ処理
●食品ごみ発電　都内で始まる
●毎月5日は「ノー・レジ袋の日」
●リサイクルも高品質が鍵、富士ゼロックスの取り組み
●日本IBMと日立、事業系パソコンの回収・リサイクル事業を強化
●東京都、都営住宅リサイクルモデルプロジェクトの中間まとめを発表
●太平洋セメント、都市ごみのセメント資源化事業を開始
●ゴミ排出量を75％以下に　環境省の環境保全活動の目的と目標
●世界初の「解体コンクリート再利用」で、ビル建設工事現場からの排出コンクリートをゼロに
●富士通、世界で初めて自社再生マグネシウム合金をノートパソコンに適用
●ファミリーマート、個店設置型「電子レンジ式生ゴミ処理機」を導入
●NEC、中古パソコンの買い取り・再生サービス開始
●総務省、容器包装リサイクル政策を評価
●企業とNPOのコラボレーション、リユースPC寄贈プログラム
●横須賀市、生ごみを自動車燃料にリサイクル

●全国のごみ排出量は最多、リサイクルは進む
●品川区、一目でわかるスケルトン清掃車でゴミの勉強
●家電リサイクル法、施行状況は概ね順調
●〝ミミズコンポストインストラクター〟を募集
●京都市、トロ箱を利用した資源循環実証実験を開始予定
●サッカー観戦は、リユースカップで
●選挙は熱帯材を使わずに！
●セイコーエプソン、国内すべての事業拠点でゼロエミッションを達成
●2002年度の発泡スチロールのマテリアルリサイクルは39％
●近鉄、定期券の循環型リサイクルへ
●ビールの副産物で甘いトマトを
●家庭用の不用パソコンを郵政公社経由で回収
●2002年度の家電4品目引き取り台数、約1015万台に
●色ガラスもリサイクル可能に
●富士重工業、自動車ダストの分別システムを開発
●環境省、生ゴミ利用燃料電池発電システム事業を実施
●ジョナサン、年内に生ごみ処理機を100店に導入
●ごみ選別の戦隊ヒーロー「ワケルンジャー」出動！
●日通、新梱包資材で「ゴミゼロ引っ越し」サービス開始
●動物も大喜び、上野動物園でリサイクル餌の取り組み
●塗料かす汚泥のリサイクル技術を開発
●松下電器グループ、国内製造事業場でのリサイクル率が98・2％に
●折れた野球の木製バット、箸に再生
●NEC、家庭用パソコンのリサイクルシステムを確立
●富士ゼロックス、プリンターの回収・リサイクルをスタート
●日本道路公団、緑のリサイクルを推進
●使用済み紙おむつをリサイクル
●使い捨て容器のゴミを出さずに、お祭りやイベントを楽しもう
●郵便葉書、すべて再生紙に
●NEC、パソコンの買い取りサービスおよび再生パソコンの販売を開始
●山陽電鉄がリサイクル「切符炭」（きっぷたん）を発売
●セイコーエプソン、半導体業界初のフッ酸廃液のクローズドリサイクルを実現
●飲料容器に関するアンケート結果
●RDF発電所で、爆発事故
●SMEJ、CDジャケット・歌詞カードに再生紙を使用
●徳島県上勝町、2020年までに焼却なし埋め立てなしでごみゼロへ
●家庭で不要になったパソコン、10月からリサイクル開始
●リサイクルできるテイクアウト容器を開発
●長野県、産業廃棄物減量化・適正処理実践協定制度を開始
●グリーンコープ、牛乳びんを復活
●横浜市、「分別収集品目拡大モデル事業」で家庭ごみで30％以上を削減

【地球温暖化】

●タイでのゴム木廃材発電事業をCDM事業として承認
●日本、京都議定書を批准
●環境省、「家庭でできる10の温暖化対策」を作成
●温室効果気体観測技術衛星、開発へ
●目黒区が緑化助成へ
●和歌山県、温暖化ガスを13％削減
●世界初、二酸化炭素排出量の予報
●CO_2排出権をカザフスタンから取得
●国内排出量取引の段階的導入を提案
●2000年の日本のCO_2排出量、過去最高に
●東京電力、検針票やホームページで温暖化対策情報を提供
●企業の環境活動広がる
●日本の温暖化ガス排出量、産業界で減少
●京都メカニズム活用連絡会を設置へ
●地球温暖化対策技術戦略プロジェクト
●環境省、温室効果ガス削減助成へ
●排出量取引オンライン市場を創設
●ヒートアイランド現象の現状と対策
●ジャンボ機からの温暖化観測、200回を超える
●東京都議会議事堂、屋上緑化完成、太陽光発電も開始
●喜多郎、中国初の〝カーボン・ニュートラル〟コンサートを北京で開く
●「共同実施」と「クリーン開発メカニズム」の事業承認の申請受付を開始
●東京都、CO_2排出量削減の義務化へ
●三重県の約30社、温室効果ガス排出量取引シミュレーション
●「気候ポイント制」来年度実施は見送りに
●市内の「山」はヒートアイランドにも有効　アクロス福岡
●2001年度のエネルギー起源の二酸化炭素排出量、2・7％減
●京都市、地球温暖化防止条例（仮称）制定へ
●NEC、2010年に「CO_2排出量　実質ゼロ」をめざす
●日本国内、および世界の大気中の二酸化炭素濃度、さらに増加
●経済産業省、「カーボンファンド」設立を支援
●東京都民、温暖化に強い危機感を持つ
●運輸部門のクリーン開発メカニズム／共同実施に関するワークショップ開催
●下水道事業の排出枠取引制度、検討
●林野庁、CDM植林ヘルプデスクを設置
●「温暖化対策エキスパート育成プログラム」立ち上げ
●二輪車排ガス、炭化水素75～85％削減へ
●政府、最初のJI、CDM案件を承認
●コケで緑化を
●蕎麦の街のビル屋上で、ソバ栽培を
●長野県、温暖化対策推進で「六つの募集」
●松下電器、社内排出量取引をスタート
●環境省、温室効果ガス排出量算定方法ガイドラインを策定
●東京の気温を下げよう、「大江戸打ち水大作戦」

●東京都心部の最低気温、過去100年で4度上昇
●環境省、民生・運輸部門の温暖化対策技術を選定し普及シナリオを策定
●ショッピングセンターの屋上に大きな森が出現
●2001年度の日本の温室効果ガス排出量、前年度比2・5％減
●カエデの紅葉時期、50年前より2週間遅く
●屋上公園や打ち水ペーブで、ヒートアイランド現象を緩和
●川口市、エコライフデーの取り組みで二酸化炭素排出量を23％削減
●11月の日本、記録的な高温
●港区、屋上等の緑化を助成

【生態系】

●山野草の「種の銀行」
●樹齢200年の森で、木の文化を守る
●雷鳥の生息域が危機に
●那覇でさんご礁回復へ200万の幼生放流
●オオタカを守るトラスト運動、栃木のNGOが始める
●香川県の「ドングリ銀行」
●輸入動植物に環境省が対応方針
●大規模林道新規着工、凍結へ
●ひつじさん、河川環境づくりに一役
●日本近海のマイワシ、激減
●自然を破壊したら、別の場所に再生を
●外来魚のリリース禁止条例を制定
●ケータイで野鳥に親しもう
●宮島沼と藤前干潟、ラムサール条約に登録
●荒瀬ダム廃止へ 日本ではじめての既存ダムの撤去
●中海・宍道湖の淡水化事業を中止
●天然記念物オオヒシクイ、琵琶湖で過去最多数が越冬
●スルガ銀行、インターネットでの富士山保全活動への募金を応援
●植林ネットワークゲームで、森づくり運動を支援
●日本の森林資源、量は充実するが、質は劣化のおそれ
●自然再生推進法、本格運用開始
●日本の年平均気温と年降水量の傾向
●環境省、全国1000か所で自然環境の長期モニタリングを実施
●日本の森林認証の現状
●サントリー、阿蘇の国有林で「天然水の森」
●王子製紙 酸性土でも育つユーカリを開発
●NPOドングリの会～未来の子ども達にも、緑豊かな住みよい地球を残そう
●アオウミガメが産卵 屋内の人工環境下では世界初
●純国産トキ、絶滅
●琵琶湖の外来魚、2か月間で16トン回収
●和棉のタネを守るネットワーク
●自然を支える農のはたらき、研究進む
●福島県南会津のブナ原生林、林野庁が違法伐採

●2003ホタルサミット開催

【食糧・水】

●雨水の染み込む都道が初登場
●水輸入大国、日本
●川の通信簿
●初の「全国雑穀サミット」開催される
●第3回世界水フォーラムへ向けての準備会合開かれる
●小学校、雨水タンクで環境教育
●インターネットで、遺伝子組み換え食品に関する国際会議を中継
●兵庫県篠山市、学校給食に米粉パンを導入
●給食は地元の素材で：岩手県の取り組み
●「気仙沼スローフード」都市宣言
●携帯電話を活用した農作物履歴追跡システムをレンタルします
●水産業が環境保全機能に果たす価値は、4兆5111億円
●新米に不作懸念、コメ卸価格が急騰
●福岡市、節水推進条例を制定
●新しいトラストシステム　田舎で田植え、自宅で稲作ゲーム
●滋賀県、遺伝子組み換え作物の栽培規制へ独自指針
●大豆をまるごと使った豆腐を販売へ
●ブドウの里山梨で、ワインタンクを再利用した家庭用雨水タンク広がる
●日本の代表河川の「フレッシュ度」を発表

【化学物質】

●鳥類などにダイオキシン高蓄積──環境省が調査結果まとめる
●ダイオキシン対策法の制定から2年
●土壌汚染対策法案が成立
●東京都が鉛含有塗料で初の指針
●「手のひらサイズ」のダイオキシン測定装置
●シックハウス症候群対策として2種の化学物質を法規制
●PCB処理法施行から1年
●マツダ、VOCを低減した新塗装技術を開発
●ノニルフェノールを環境ホルモンとして初めて確認
●環境ホルモンを吸って縮む特殊ゲル開発される
●微量水銀、調査へ
●シックハウス調査、基準を超えるホルムアルデヒドが半数で見つかる
●冷蔵庫の断熱材フロンも回収・破壊へ
●白石綿使用、原則禁止へ
●全国70地点で基準を上回るダイオキシンを検出
●塩ビ・ホルムアルデヒド、大気や地下水でも発がんリスク
●環境省、化学物質アドバイザー（仮称）募集
●環境省、PCB廃棄物の情報をデータベース化
●土壌汚染対策法、施行される
●化学物質アドバイザー（仮称）派遣開始
●松下電器、特定有害物質の使用禁止をグローバルに推進
●ホタテ貝殻でシックハウス対策

●化学物質の汚染濃度状況を推定するソフトを開発
●三菱化学、製品中の化学物質を顧客に情報開示へ
●ダイオキシンを水で除去　低価格の削減設備開発へ

【エコ商品・ビジネス】

●資源ゴミ回収で町の拠点に――ユニークなGSの事例
●松下、「あかり」を提供する新サービス始める
●ａｍｐｍ、「安心」をキーワードに
●平和紙業、世界初の生分解性・耐水印刷用紙を発売
●麻の力に注目集まる
●新聞紙から緩衝材を製造する機械を発売
●スポーツ用品にも「環境配慮」広がる
●洗剤不要の食器洗い乾燥機、発売
●ガスファンヒーターではなく、暖かさを売る
●東芝、学生や単身赴任者向けに家電レンタルパック始める
●ＹＫＫ・ユニチカ、世界初の生分解性「面ファスナー」を発売
●自社のリサイクル材で、自社の販促品を生産
●ソニー、植物原料プラスチックを採用した〝ウォークマン〟発売
●ナチュラル・健康志向コンビニエンスストア展開中
●続々と登場するエコ繊維
●サカタのタネ、『エコプロダクトシリーズ』を発売
●グリーン購入への取り組み、進む
●凸版印刷、木材加工製品でもＦＳＣのＣＯＣ認証取得
●富士重工業「循環式水洗トイレハウス」を発売
●滋賀銀行、ノベルティ・グッズもグリーンに
●グリーン購入による環境負荷低減効果
●ＩＮＡＸ、リフォーム事業を拡大
●間伐材を使った封筒を開発、販売開始
●東芝、「消えるインク」を販売へ
●環境省、環境ビジネスの市場規模の現状と将来予測を発表
●携帯電話、10年間で40分の1の省電力化を達成
●金融のグリーン化に向け、社会的責任投資に関する報告書
●グリーン購入ネットワーク、事業者の環境取り組み評価のチェックリスト作成へ
●リコー、紙製品に関する環境規定を制定
●サービス業への省エネコンサルタント会社設立
●茶殻配合のプラスチックを開発
●びわこ銀行、融資で環境活動を後押し
●竹繊維を加工して綿に
●平和紙業、環境対応型印刷用紙「エコ間伐紙」を新発売
●凸版印刷、オフセット輪転印刷機用の石油系溶剤ゼロの植物性インキを開発
●新燃焼方式薪ストーブやペレットストーブを開発
●グリーン購入国際シンポジウム、開催される

【環境技術】

●阪大、ナノテクで熱の出ない白熱電球を開発中
●水素の運搬・貯蔵技術の開発へ
●『ぬか』『わら』からメタノール

●ヘドロ浄化、世界初の実証実験
●環境省がバイオマス循環利用技術開発へ
●携帯電話の電波を吸収する磁性木材を開発
●トヨタと日産、環境技術で協力
●松下電器、世界初のプラスチック再資源化装置を開発
●火力発電所排煙中のCO_2から新燃料ジメチルエーテルの合成に成功
●中部電力、磁気冷凍システムを開発
●トヨタ、バイオプラスチック生産実証プラントを建設へ
●サントリー、汚泥が発生しない「工場排水の脱色システム」を導入
●HP上で、環境技術情報ネットワークを開設
●衛星で地球環境監視、新宇宙機関が計画
●ユニチカ、高耐熱性の生分解性容器を開発、実用化へ
●日経地球環境技術賞、大賞はダイハツのインテリジェント触媒

【システム・制度】

●日本IBM、環境改善を人事評価に反映
●松下と日立、「環境経営」のための指標や技術を共同開発
●西友、企業内環境税を2003年9月から導入
●多摩市、環境会計を導入
●第5回環境経営度調査で、日本IBMが初めてランキングの首位に
●山口県が全庁レベルで環境会計を導入
●環境省がISO14001を取得
●経済産業省、環境会計のワークブックを発行
●廃車時のフロン回収料金1台2580円に
●国土交通省、既存中央・地方官庁庁舎にグリーン診断を実施
●岩手県、環境マネジメントシステム・スタンダードを創設
●国内初、コピー紙にFSCのCOCを適用
●日本、POPs条約の批准承認へ
●環境省、環境報告書データベースを公開
●日本、POPs条約に加入
●北海道で、地域通貨の国際会議開かれる
●第5回グリーン購入大賞、発表
●沖電気、新会計システムで、経営効率化と環境負荷削減
●高知県、森林環境税を導入
●キヤノン、環境業績評価制度を全社に導入
●日本の「タイプⅢ環境ラベル」、運用はじまる
●北東北3県、県外からの産業廃棄物に環境保全協力金
●「地球環境保全」の予算案、地球温暖化対策が9割
●長野県、「森世紀ニューディール政策」を発表
●2003年予算案、環境保全経費総計2兆7000億円
●環境税、2005年度にも導入
●石川県、学校版環境マネジメントシステムを推進
●宝酒造、韓国語版環境報告書を公開
●環境政策への市民参画を保障するオーフス条約を日本でも実現しよう！
●泊まるホテルを環境対策で選ぶためのデータベース、公開

●NEC、ソフトやサービスの外注先にもグリーン調達を拡大
●環境省、循環型社会形成へ基本計画を発表
●化学物質の排出・移動量データ、初めて集計・公表
●環境省、「環境会計の手引き」を作成
●日立と松下、環境評価指標を共同開発
●CO_2排出権取得を支援—省エネ・リサイクル支援法改正
●富士通、非生産部門での環境への取り組み進める
●環境カウンセラー、3000人の大台を突破
●「損保ジャパンCSOラーニング制度」今年もはじまる
●和歌山県の県立学校、CO_2削減したら予算ゲット
●環境ODAは2222億円——2002年度版ODA白書
●経産省と環境省、石油特別会計のグリーン化進める
●「ローカルアジェンダ21」の取り組み、進む
●中小事業者版環境ISOの制度創設
●武蔵野市、環境配慮企業に「グリーンパートナー」認証ステッカー
●環境省、エコ・コミュニティ事業を支援
●釣り上げた外来魚を地域通貨に交換
●都教職員互助会が年金運用で社会的責任投資
●日本オリンピック委員会、ISO14001の認証を取得
●三菱樹脂、環境ラベル制定
●世界最大のLCAデータベース運用開始
●環境教育法が成立
●日本製紙、2008年までにすべての国内外の自社林で森林認証へ
●林野庁、森林ボランティア支援室を開設
●主婦連、消費者重視経営の評価基準を策定
●環境税、炭素1トン当たり約3400円の課税が必要
●国際協力銀行、環境ガイドラインを施行
●東急ホテルズ、「グリーンコイン」で約16万本の苗木を寄付
●省エネルギー型製品販売事業者の評価制度を創設
●日本政策投資銀行、環境配慮型経営を促進する融資制度を創設
●第6回グリーン購入大賞　環境大臣賞に星野リゾート、経済産業大臣賞にリコー
●林野庁、地域材の大規模な流通・加工システム確立へ
●専門家から子どもまで、生物分類技能検定
●全ライフサイクルのCO_2排出量・コスト算出ができる環境評価プログラムを開発
●気象庁の2004年度予算概算要求　気候変動・地球環境対策で2億800万円
●環境省、エコツーリズム推進会議を開催
●地方自治体のグリーン購入の取り組み調査結果
●不登校・ひきこもりの児童生徒へ環境教育による支援事業始まる

【その他】

●南極から地球環境を考えるテレビ放送
●マスコミの報道が意識を変える可能性
●世界初　黄砂発生から日本への飛来までの全過程観測に成功

●環境に関する企業行動調査
●日本人の価値観は？——全国消費者価値観調査の結果
●気象庁、「黄砂予報」のための予算要求
●掛川市、「スローライフシティ」宣言
●エコプロダクツ2002、10万人の来場者へエコ商品・サービスをアピール
●「こどもエコクラブ全国フェスティバル」を開催
●三島市のエコスクール校舎、完成
●日本の出生率、戦後最低を更新
●NGOが企業に自然保護のノウハウを提供
●夏至の夜に、100万人のキャンドルナイト
●スターウォッチング・ネットワークに3800人が参加
●「未来への航海」、アジア各国や日本での環境意識を啓発
●藁でつくる家　日本各地に
●『ビッグイシュー日本版』刊行
●筑波大学大学院、世界遺産専攻を新設
●JFS「元気大賞」特別賞受賞
●気象庁が有害紫外線予測
●古民家を、現代に再生し未来につなぐネットワーク
●未来バンク、未来を市民の手でつくろう
●山村と都市を結ぶ、元気モリモリネットワーク
●12月22日、冬至の夜もキャンドルナイト

あとがき

私たちが世界に発信している元気な日本発の情報を、日本の方々にも読んでもらいたい！　こういうNGOが活動をしているということを知ってもらいたい！　世界からのフィードバックがどんなにワクワクするものか、一緒に感じてもらいたい！

そんな思いから、「ニュースレターや世界からのフィードバックを盛り込んだ本を作ろう」と思ったのは、JFSを立ち上げて1年経つ頃でした。それから半年、実際の作業がはじまって1か月、今、こうして「あとがき」を書くことができ、とてもうれしく思っています。

本書も、ほかのすべてのJFSの活動と同じく、強力ですてきなボランティアメンバーと事務局スタッフのおかげで完成にこぎ着くことができました。掲載したニュースレターの記事は、枝廣のほか、小林一紀さん、高橋彩子さん、長谷川浩代さん、八木和美さんが書いてくれました。

この本の出版プロジェクトは、顔を合わせての打ち合わせは2回だけ。主にメールのやりとりでプロジェクトを進めましたから、最後まで一度もお会いすることのなかったメンバーもいます。みんなが同じ目的地を見つめ、打てば響くメールでのやりとりは、とても楽しく豊かな時間でした。だれがいちばん冗談メールを飛ばしていたかはナイショです。メンバーの岸上祐子さん、小島和子さん、五頭美知さん、三枝信子さん、西条江利子さん、佐藤千鶴子さん、佐野真紀さん、中小路佳代子さん、楽しかったね！　校正が終わったらチームは解散です。お疲れさまでした。

そして、いろいろな形で応援・支援してくださった法人会員・個人サポーター、理事、ボランティア、インターン生、そのほかJFSの発足当時から見守ってくれているみなさま、ありがとうございました。一つ、足跡を残すことができました。

NGOにとって、日本は資金的に活動が続けにくい社会だと言われます。欧米のNGOの話を聞くと、そうだなぁ、と思います。その中で、JFSは生まれた時から多くの方に温かく見守ってもらうことができて、とても幸せです。それでもまだ持続可能な運営には手が届いていません。もし思いが重なるところがありましたら、どのような形でもご一緒していただけたらうれしいです。

本書のタイトルは、まさしく現状どおり『がんばっている日本を世界はまだ知らない』ですが、これから『がんばっている日本の声が世界に届き始めた』『がんばっている日本に世界が応え始めた』『がんばっている日本に世界が倣い始めた』『がんばっている日本が世界を動かし始めた』という続編をゾクゾクと出せるよう、私たちも楽しく（これが持続可能なコツです！）活動を続けていきます。みなさんもそれぞれの地域や分野の活動で、よろしかったらぜひご一緒に！

2004年春

ジャパン・フォー・サステナビリティ共同代表
枝廣淳子
多田博之

がんばっている日本を世界はまだ知らない Vol. 1
150か国が熱読！　日本発・わくわくエコ事情

2004年 4月27日　初版発行
2008年 2月6日　第4刷発行

KAIZOSHA

著者……………………枝廣淳子＋ジャパン・フォー・サステナビリティ(JFS)

発行人……………………山田一志
発行所……………………株式会社海象社
郵便番号112-0012
東京都文京区大塚4-51-3-303
電話03-5977-8690　FAX03-5977-8691
http://www.kaizosha.co.jp
振替00170-1-90145

挿画……………………高月　紘

装丁……………………鈴木一誌+鈴木朋子

組版……………………[オルタ社会システム研究所]

図版……………………株式会社ユニオンプラン

印刷・製本……………………株式会社平河工業社・株式会社フクイン

ISBN4-907717-76-8 C0036

この本は、本文には古紙100%の再生紙と大豆油インクを使い、
表紙カバーは環境に配慮したテクノフ加工としました。

COLUMN

本書『がんばっている日本を世界はまだ知らない』出版まで

○２００３年９月――「ＪＦＳの活動に基づいた本を出版する」というプロジェクトのまとめ役を、事情もよくわからないままに引き受けたのは、まだ暑い９月のある日のことでした。チームは、枝廣さんと私たち２人の計３名。

○04年１月中旬――突然プロジェクトが動き出す。枝廣さんいわく「出版社が決まったので、４月に出版します」

○１月22日――第１回の打ち合わせ。「みんなが明るい気持ちになれて、日本が元気になる本」というコンセプトを確認。原稿の納期は１か月後。

○その翌日――「書名や帯のコピー、章タイトルが必要！」と海外開拓チームメンバーで、ニューヨーク在住のコピーライターの佐野真紀さん、「海外からのフィードバックをざーっと読んで選んで、日本語にしてくれる人が必要！」と英訳チームの佐藤千鶴子さんに声をかける。

「編集の経験のある人に手伝ってもらわなくちゃ！」。ボランティアのメーリングリストに「求む！　編集経験のある方」とメールを投げたら、なんと２時間しないうちに手を挙げてくれたのが岸上祐子さんと小島和子さん。ＪＦＳのボランティアチームは、まるで人材バンク。

対外的なやりとりは、ＪＦＳ事務局の三枝信子さんと西条江利子さんにお願いする。かくして、プロジェクトチームは一気に９人体制に。

○2月14日――納品約1週間前の詰めのミーティング。ミーティング中に、ＪＦＳのハイムーン・ギャラリーでお馴染みの高月氏にお願いしていた表紙のイラストが届き、一同、歓声をあげる！　が、まだまだやるべきことが山積みの状態。

○開けて2月15日――怒濤の1週間の始まり。2月にプロジェクトチームのメーリングリスト内を飛び交ったメールの数は、何と717通！　全員がフル回転。

○現在――すべての章やコラム、データや数字を最終確認して納品。朝2時過ぎに作業を開始する枝廣さんに合わせて、朝3時過ぎから二人でシフト制を組み、雪崩のように押し寄せてくる確認や依頼のメールを、ほかのメンバーに助けてもらいながら、拾っては打ち返す。

記事の確認やいろいろなお願いに快く応じてくださった外部の方々、はらはらしながら温かいエールを送ってくれたみなさんのおかげで、汗と涙の結晶が産声をあげる直前まで来ています。

ＪＦＳがいかに素晴らしい人たちに支えられているかを改めて実感した、嵐のような1か月でありました。

（五頭美知　中小路佳代子）

JFSのページ

JFSは、環境コミュニケーションのためのオープン・プラットフォームです。非営利組織として、活動に賛同してくださる法人会員・個人サポーターからの会費やみなさまからの寄付金を主な資金として運営しています。

●法人会員

オフィス町内会・アサヒビール株式会社・株式会社日本環境認証機構・株式会社リコー・東京電力株式会社・環境を考える経済人の会21・松下電器産業株式会社・セコム株式会社・日本海ガス株式会社・株式会社カタログハウス・東京ガス株式会社・株式会社損害保険ジャパン・東日本旅客鉄道株式会社・サントリー株式会社・株式会社グレイス・コスモ石油株式会社・中央青山ＰｗＣサステナビリティ研究所・アミタ株式会社・日本政策投資銀行・セイコーエプソン株式会社・株式会社山田養蜂場・凸版印刷株式会社・菊水酒造株式会社・東京急行電鉄株式会社・日産自動車株式会社・日本電気株式会社・三菱商事株式会社・いるふぁ・株式会社イトーヨーカ堂・株式会社地球の芽・株式会社環境管理センター・特定非営利活動法人環境経営学会・エコプロダクツ２００３・株式会社宣伝会議・社団法人日本青年会議所・株式会社星野リゾート・富士写真フイルム株式会社・花王株式会社・第１回グリーン購入世界会議 in 仙台実行委員会・他１社

（２００４年３月15日現在　登録順）

●個人サポーター

小柴禧悦・浅野晶子・坂本寿一・森下雅子・佐藤有香・芥田真理子・新田みゆき・梅田猶之・小坂恵子・
禰宜田晴子・一戸ノブイ・江間直美・佐藤松夫・小川晶央・神宮司真人・竹居照芳・津山彰彦・串間洋・
平島安人・大山成人・村田信次郎・八木和美・五頭美知・小瀧夸・栗山正雄・西川原雪子・清水峰之・
佐々木良・筑紫みずえ・塚本宏・浅羽理恵・藤津ふみえ・谷口正次・木内孝・角田一恵・枝松芳枝・
後藤敏彦・枝廣正純・角田惇・大橋照枝・神谷和宏・田畑寛子・伊豫田浩美・川瀬健一・五月女祐子・
宇井美香・小田理一郎・勝本修三・国井加代子・新村保子・藤田光子・鎌田和幸・冨士本和博・高野孝子・
兼平裕子・小池政臣・堀内千鶴・田中康彦・安元昭寛・林武彦・杉山勝利・品川和也・寺田喜美子・
佐藤善一・恒成知生・水谷潤太郎・若山尚之・伊藤直也・堀内哲夫・山田はるみ・小山富士雄・青山香菜・
小島和子・安藤正行・盛田明彦・泊みゆき・海野恵一・下重喜代・小杉定久・青木修三・長谷川浩代・
山田一志・松田陽子・秋葉昌也・上田邦成・鈴木美佐子・友池敦子・岡崎朱実・奥田哲也・澤崎豊・
木村ゆかり・石井正彦・藤原敬・中森正茂・渡辺敦・小島庄司・佐藤郁子・村田誠・加藤直俊・大谷加奈・
田中賢二・井上秀幸・梨岡英理子・中佐錦・美山透・庄司晶子・村松由美子・松田貴子・斎藤陽子・竹田慶・
佐藤仁志・桜井茂樹・鈴木生・加納誠・水谷紀子・池田博徳・高橋和子・岩本忠・田中丈夫・酒井奈緒子・
佐藤理奈・田中淳子・恩田智子・霞末裕史・佐藤博之・太田真弓・大橋敏二郎・高木善之・内田清三・
中神嘉紀・小田由紀子・平川良信・川北秀人・菊池悦子　山本長史　間瀬千春・奥村重史　長尾吉祐・
浅川博子・森下研・布施濤雄　小林紀子・吉田昌弘・秋山博臣・田村優子・松山七郎・高橋俊雄・阿部泰子・
橋岡徹・藤森麻子・斎藤正・田川名緒子・相澤久美・松井勝明・金本昭雄・悴田美奈子・遠藤一行・細川忍・
中澤数人・籔田知子・林立彦・下口修一・西条江利子・小林正明・山本孝則・玉井洋・米谷啓和・口村直也・
堀田和裕・坂本典子・小山徳子・秋村田津夫・太田誠・前沢夕夏・吉村直子・相良優子・鈴木賀津彦・
渡辺さと子・前田暁子・門田妙子・野村佐智代・河野有吾・花田眞理子・佐藤千鶴子・高橋直美・望月有子・
伊藤香織・佐野真紀・中小路佳代子・橋本裕香

（2003年12月31日現在　登録順）

【法人会員・サポーターになっていただいた方への特典】

①毎月ＪＦＳが発行する、海外読者向け英文ニュースレターの和文版を電子配信。（年12回）
・日本の環境への取り組みの最前線をお伝えします。ご希望があれば、英語版も添えます。
②法人会員からの環境情報や個人サポーターの英語論文を世界各国から月１万件を超えるアクセスのあるＪＦＳのウェブサイトに掲載（※ただし内容確認と英語のネイティブチェックがあります）
・法人会員へのインタビューをニュースレターに掲載し、世界１５４か国の環境分野のキーパーソン数千人に直接届けます
③ＪＦＳ主催のイベントにご優待
④お名前をＪＦＳウェブサイトの会員・サポーターページに掲載(ご希望されない場合は、掲載いたしません)

★これまでに開催したＪＦＳ主催のイベントやシンポジウム★

・設立記念シンポジウム（一般公開、約２００人）２００２／12／10
・英文環境報告書を読む会（法人会員向け）２００３／１／29、２／12、２／26
・第１回ボランティアミーティング（法人会員・個人サポーター・ボランティア、約50名）03／４／８
・英文持続可能性報告書セミナー（一般公開、約１２０名）03／４／18
・レスター・ブラウン氏を囲むエコネットワーキングの会（共催、約２００人）03／８／17
・ＪＦＳ１年目の活動報告と意見交換の会（法人会員向け、21社）03／８／26
・設立１周年記念ボランティアミーティング（個人サポーター・ボランティア、約50名）03／８／30
・ＧＲＩ代表を囲むセミナー（法人会員・個人サポーター向け）03／10／18
・海外ＮＧＯの話を聞く会（法人会員・個人サポーター向け）03／11／18
・エコプロダクツ展　１周年記念シンポジウム（一般公開、約１２０人）03／12／13

法人会員・個人サポーターお申し込み用紙

FAX：044-933-7639

会員種別：
チェックをつけてください。
□　法人・企業会員：　年会費一口　　10万円
□　個人サポーター：　年会費一口　　５千円

お申し込み口数：　　　口

ご連絡先：
御社名（法人会員さまのみのご記入）：

お名前（法人会員さまの場合、ご担当者名）：

お名前のふりがな：

ご住所：〒

TEL＆FAX：

メールアドレス：

WEBへのお名前掲載について
（日本語と英語でお名前を掲載します。ご希望なさらない場合はその旨をお書きください）：

備考・連絡事項（振込名義人のお名前が違う場合はお知らせください）：

お申し込み先：ジャパン・フォー・サステナビリティ　事務局
〒214-0034　川崎市多摩区三田1-12-5-138
FAX：０４４－９３３－７６３９
e-mail：info@japanfs.org
(※WEBからもお申し込みいただけます。http://www.japanfs.org/)

会費・寄付金のお振込み先：
・三井住友銀行　生田支店　普通預金　1266606
　ジャパン・フォー・サステナビリティ　代表　枝廣淳子
・郵便局総合口座　10260-95221111　ジャパン・フォー・サステナビリティ
※寄付金をお振込みくださった場合は、事務局にご一報くださいますよう、
　お願いいたします。

（切り取り線）

（切り取り線）

Japan for Sustainability事務局
FAX:044-933-7639

Our water planet